21世纪高等学校计算机规划教材

21st Century University Planned Textbooks of Computer Science

Visual Basic程序设计

实践教程（第2版）

Practice of Visual Basic Programming
(2nd Edition)

李雁翎 万玉 主编

郑琦 袁建清 副主编

名家系列

人民邮电出版社

北 京

图书在版编目（CIP）数据

Visual Basic程序设计实践教程 / 李雁翎，万玉主
编. — 2版. — 北京：人民邮电出版社，2012.2
21世纪高等学校计算机规划教材
ISBN 978-7-115-26926-3

Ⅰ. ①V… Ⅱ. ①李… ②万… Ⅲ. ①
BASIC语言－程序设计－高等学校－教材 Ⅳ. ①TP312

中国版本图书馆CIP数据核字(2011)第250672号

内 容 提 要

本书是《Visual Basic 程序设计教程（第 2 版）》（普通高等教育十一五国家级规划教材）一书配套的辅助教材。

全书共分 2 篇：第 1 篇为实验指导篇，根据主教材第 4 章～第 15 章讲述的相关内容，编排了 10 个综合实验题目，详细地讲述了每一个实验的实验目的、实验手段及实验方法；第 2 篇为习题解答篇，是按照主教材各章的习题而编写的习题解答，一题一解。习题便于对主教材相关知识点的理解和检验；综合实验使 Visual Basic 应用程序的功能更加扩展、更加强大。

本书习题解答详细，力求针对性强；实验内容丰富，综合性强；综合实验对各章节的知识点加以适当扩充，实验的应用性相对主教材例题有所提升，有利于学生知识的掌握和实践能力的提高。

本书可与《Visual Basic 程序设计教程（第 2 版）》一书配套使用，也可作为其他 Visual Basic 程序设计教材的参考用书，还可作为有关技术培训的教材，以及程序设计初学者自学用书。

21 世纪高等学校计算机规划教材

Visual Basic 程序设计实践教程（第 2 版）

◆ 主　　编　李雁翎　万　玉

　　副 主 编　郑　琦　袁建清

　　责任编辑　武恩玉

◆ 人民邮电出版社出版发行　　北京市崇文区夕照寺街 14 号
　　邮编　100061　　电子邮件　315@ptpress.com.cn
　　网址　http://www.ptpress.com.cn
　　北京鑫正大印刷有限公司印刷

◆ 开本：787×1092　1/16
　　印张：9.25　　　　　　　　　2012 年 2 月第 2 版
　　字数：239 千字　　　　　　　2012 年 2 月北京第 1 次印刷

ISBN 978-7-115-26926-3

定价：25.00 元

读者服务热线：(010)67170985　印装质量热线：(010)67129223
反盗版热线：(010)67171154
广告经营许可证：京崇工商广字第 0021 号

第 2 版前言

随着 Visual Basic 软件的广泛应用,我们对《Visual Basic 程序设计教程》一书做了修订,同时与其配套使用的《Visual Basic 程序设计实践教程》一书也做了修订。

本书的第 2 版整体上保持了原书的体系和风格,并做如下几点主要工作。

1. 删除了部分章节的内容。

2. 对一些较为难懂的程序增添了程序注释。

3. 简化了部分程序代码,并进行了部分调换。

全书共分两篇,第 1 篇为实验指导,第 2 篇为习题解答。

实验指导篇根据主教材第 4～15 章讲述的相关内容,共编排了 10 个综合实验题目,详细地讲述了每一个实验的实验目的、实验手段及实验方法。

根据 10 个综合实验题目,分别设计了具有综合功能的 10 个应用程序:

(1)交换变量的值;

(2)打印字符图形;

(3)训练英文打字;

(4)参赛队对阵表生成器;

(5)复制文件;

(6)选课系统;

(7)小球碰砖块游戏;

(8)射击特训游戏;

(9)透明窗体;

(10)日志管理。

习题解答篇是指《Visual Basic 程序设计教程(第 2 版)》一书 15 章的习题,编写的习题解答,一题一解。

本书由李雁翎主编,东北师范大学软件工程专业 08 级的部分同学对本书的内容参与了讨论,并提出了良好的建议,在此致以衷心谢意。

由于编写时间有限,书中难免有错误和不足之处,希望广大读者批评指正。

编 者

2011 年 9 月

前　言

　　《Visual Basic 程序设计教程》(普通高等教育"十一五"国家级规划教材)一书自 2007 年 2 月出版以来，受到了广大读者的欢迎。应读者的要求及建议，作者总结近年的教学实践，并结合从事 Visual Basic 教学的切身体会，编写了这本《Visual Basic 程序设计实践教程》，供广大读者在学习或开发实践中参考使用。

　　全书共分为 3 篇，第 1 篇是实验指导，第 2 篇是综合实例，第 3 篇是习题解答。

　　实验指导是根据主教材第 4～15 章介绍的相关内容，编排了 11 个综合实验题目，详细介绍了每一个实验的实验目的、实验手段及实验方法。11 个综合实验题目是根据主教材的内容精心编排、设计的。通过每个综合实验对主教材相关章节的内容加以消化和理解，并对各章节的知识点做了适当的扩充，使实验的应用性、综合性相对主教材例题有所提升，有利于对主教材知识点的掌握和实践能力的提高。11 个综合实验题目分别是：指针式时钟、参赛队对阵表生成器、打印字符图形、交换变量的值、复制文件、选课系统、网页浏览器、射击特训、超市销售管理、MP3 播放器、透明窗体。综合实验都是按照实验目的、实验要求，从窗体的组成、窗体中每个控件的属性，到每个控件的事件代码的顺序，逐项加以介绍，内容完整，易学易操作。

　　综合实例是根据 Visual Basic 程序的特点而编写的两个大型实例，分别是日志管理和简单绘图程序。综合实例中尽量应用了教材中涉及的所有知识点，有利于提高学生的综合编程能力。

　　习题解答是针对《Visual Basic 程序设计教程》一书各章的习题而作的解答，一题一解。通过解答对主教材中概念、知识点做详细温习，并注意对程序设计类习题解题的方法和步骤做出详细的讲解，从培养学生创造性思维入手，加强程序设计方法及算法分析的内容比重，增强学生分析问题、解决问题的能力。

　　本书由李雁翎、夏龙、涂美彩编写，由李雁翎统筹设计并统稿，东北师范大学软件工程专业 06 级的部分同学参与了对本书内容的讨论，并提供了良好的建议，在此表示衷心感谢。

　　由于编写时间有限，书中难免有错误和不足之处，敬请广大读者批评指正。

编　者

2008 年 1 月

目　录

第1篇　实　验　指　导

第2篇　习　题　解　答

第1篇 实验指导

实验1
交换变量的值

实验题目：设计一个"交换变量的值"程序。

该程序具有如下控制功能：交接 m，n 的值，不使用临时变量。

程序运行的结果，如图 1-1-1 所示。

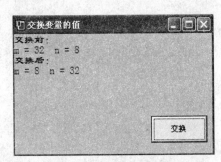

图 1-1-1　交换变量的值

操作步骤如下。

（1）"交换变量的值"窗体及主要控件属性参照表 1-1-1 设计。

表 1-1-1　　　　　　　　　　"交换变量的值"窗体及主要控件的属性

对　象	对象名	属性名	属性值	事件名
窗体	Frm	Caption	交换变量的值	无
		Height	3300	
		Width	4815	
命令按钮	CmdSwap	Caption	交换	Timer
		Height	615	
		Width	1335	

（2）打开"代码设计"窗口，输入程序代码。

CmdSwap_Click()事件代码如下：

```
Private Sub CmdSwap_Click()
    Dim m As Integer, n As Integer, t As Integer
    m = 32
```

```
        n = 8
        Print "交换前: "
        Print "m = " & m & "  " & "n = " & n
        Call Swap(m, n)
        Print "交换后: "
        Print "m = " & m & "  " & "n = " & n
    End Sub
```

Swap()过程代码如下：

```
    Private Sub Swap(a As Integer, b As Integer)
        a = a Xor b
        b = a Xor b
        a = a Xor b
    End Sub
```

（3）保存窗体，运行程序，结果如图 1-1-1 所示。

实验 2
打印字符图形

实验题目：设计一个"打印字符图形"程序。

该程序具有如下控制功能：

（1）可选择打印的形状，如菱形或平行四边行；

（2）可选择打印的字符。

程序运行的结果，如图 1-2-1 所示。

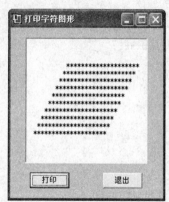

图 1-2-1　打印字符图形

操作步骤如下。

（1）"打印字符图形"窗体及主要控件属性参照表 1-2-1 设计。

表 1-2-1　　　　　　　　　　　"打印字符图形"窗体及主要控件的属性

对　　象	对　象　名	属　性　名	属　性　值	事　件　名
窗体	Frm	Caption	打印字符图形	无
		Height	4605	
		Width	3885	
图片框	Pic	AutoRedraw	True	无
		Height	3015	
		Width	3015	
命令按钮	CmdPrint	Caption	打印	Click
		Height	2160	
		Width	2160	
	CmdQuit	Caption	退出	Click
		Height	375	
		Width	975	
		Interval	975	

（2）打开"代码设计"窗口，输入程序代码。

CmdPrint_Click()事件代码如下：

```
Private Sub CmdPrint_Click()
    Dim k As Integer, str As String, i As Integer, j As Integer
    Pic.Cls
    k = MsgBox("是否打印菱形，若否，则打印平行四边形", 64 + 3, "提示")
    If k = 2 Then
        Exit Sub
    Else
        str = InputBox("请输入想要打印的字符形状", "输入")
        If k = 6 Then
            For i = 1 To 8
                Pic.Print Tab(17 - i);
                For j = 1 To i * 2
                    Pic.Print str;
                Next j
                Pic.Print
            Next i
            For i = 1 To 8
                Pic.Print Tab(i + 8);
                For j = 1 To 18 - i * 2
                    Pic.Print str;
                Next j
                Pic.Print
            Next i
        End If
        If k = 7 Then
            Pic.Print
            Pic.Print
            Pic.Print
            For i = 1 To 10
                Pic.Print Tab(13 - i);
                For j = 1 To 20
                    Pic.Print str;
                Next j
                Pic.Print
            Next i
        End If
    End If
End Sub
```

CmdQuit_Click()事件代码如下：

```
Private Sub CmdQuit_Click()
    End
End Sub
```

（3）保存窗体，运行程序，结果如图 1-2-1 所示。

实验 3
训练英文打字

实验题目：设计一个"训练英文打字"程序。

该程序具有如下控制功能：

（1）字符是随机分布，随机出现在窗口的顶端，由时钟控件控制下落。

（2）字符下落速度可分快、中、慢 3 种速度

程序运行的结果，如图 1-3-1 所示。

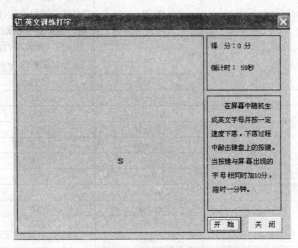

图 1-3-1　训练英文打字

操作步骤如下。

（1）"训练英文打字"的窗体及主要控件属性参照表 1-3-1 设计。

表 1-3-1　　　　　　　　　　"训练英文打字"的窗体及主要控件的属性

对 象	对象名	属 性 名	属 性 值	事 件 名
窗体	Frm	Caption	英文打字训练	无
		Width	7575	
		Height	5895	
		Borderstyle	3	
命令按钮	Cmd1	Caption	开　始	Click KeyPress
		Width	915	
		Height	405	
		Left	5220	
		Top	4860	

续表

对　象	对象名	属 性 名	属 性 值	事 件 名
	Cmd2	Caption	关　闭	Click
		Width	915	
		Height	405	
		Left	6330	
		Top	4860	
标签	Lbl1	Caption	得　分：0 分	无
		AutoSize	True	
		Left	5340	
		Top	330	
	Lbl2	Caption	倒计时：60 秒	
		AutoSize	True	
		Left	5340	
		Top	900	
	Lbl3	Caption	在屏幕中随机生成英文字母并按一定速度下落，下落过程中敲击键盘上的按键。当按键与屏幕出现的字母相同时加 10 分，限时 1 分钟	
		Width	1695	
时钟	Tmr1	Interval	100	Timer
	Tmr2	Interval	1000	
形状	Shp1	Width	1995	无
		Height	1425	
		Left	5220	
		Top	150	
	Shp1	Width	1995	
		Heigh	2985	
		Left	5220	
		Top	1710	
	Shp1	Width	5055	
		Height	5115	
		Left	90	
		Top	150	

（2）打开"代码设计"窗口，输入程序代码。

定义窗体级变量代码如下：

```
Dim Score As Integer '存放得分
Dim Flag As Boolean
'判断是否需要生成新的字符
Dim Score As Integer '存放得分
Dim Flag As Boolean    '判断是否需要生成新的字符
```

Form_Load ()事件代码如下：

```
Private Sub Form_Load()
    Lbl4.Caption = ""
End Sub
```

Cmd1_Click()事件代码如下：

```
Private Sub Cmd1_Click()
```

```
        If Cmd1.Caption = "开  始" Then '开始打字
            Tmr1.Enabled = True
            Tmr2.Enabled = True
            Cmd1.Caption = "暂  停"
        Else '暂停打字
            Cmd1.Caption = "开  始"
            Tmr1.Enabled = False
            Tmr2.Enabled = False
        End If
    End Sub
```

Cmd1_KeyPress()事件代码如下：

```
    Private Sub Cmd1_KeyPress(KeyAscii As Integer)
        If Chr(KeyAscii) = Lbl4.Caption Then '判断所按键是否与产生的字母相符
            Score = Score + 10 '每正确一个加10分
            Flag = False
            Call Tmr1_Timer '重新成生字母
            Lbl1.Caption = "得  分: " & Str(Score) & "分"
        End If
    End Sub
```

Cmd2_Click()事件代码如下：

```
    Private Sub Cmd2_Click()
        Unload Me
    End Sub
```

Tmr1_Timer()事件代码如下：

```
    Private Sub Tmr1_Timer()  '随机生成字母并控制字母下落
        If Flag = False Then
            Lbl4.Caption = Chr(Int(Rnd * 26) + 97) '随机字符
            Lbl4.Left = Int(Rnd * Shp3.Width) + Shp3.Left  '字符出现的位置
            Lbl4.Top = 200
            Flag = True
        Else
            Lbl4.Top = Lbl4.Top + 200
            If Lbl4.Top > Shp3.Height - 200 Then
                Flag = False
            End If
        End If
    End Sub
```

Tmr2_Timer()事件代码如下：

```
    Private Sub Tmr2_Timer() '倒计时，用尽1分钟则结束
        Static i As Integer
        i = i + 1
        Lbl2.Caption = "倒计时: " & Str(60 - i) & "秒"
        If i >= 60 Then
            If MsgBox("哈哈, 1分钟练习这么快就结束了，是否继续? ", vbYesNo + vbQuestion, "
提示") = vbYes Then
                i = 0
                Score = 0
            Else
                Score = 0
                Tmr1.Enabled = False
                Tmr2.Enabled = False
            End If
        End If
    End Sub
```

（3）保存窗体，运行程序，结果如图 1-3-1 所示。

实验4
参赛队对阵表生成器

实验题目：设计一个"参赛队对阵表生成器"程序。

该程序具有如下控制功能：输入参赛队的数目和参赛队的名称，生成参赛队的对阵表。

程序运行的结果，如图 1-4-1 所示。

图 1-4-1　参赛队对阵表生成器

操作步骤如下。

（1）"参赛队对阵表生成器"窗体及主要控件属性参照表 1-4-1 设计。

表 1-4-1　　　　　　　　"参赛队对阵表生成器"窗体及主要控件的属性

对　象	对象名	属性名	属性值	事件名
窗体	Frm	Caption	参赛队对阵表生成器	无
		Height	6900	
		Width	7350	
标签	LblInput	Caption	请输入参赛队数:	无
		Left	120	
		Top	240	
	LblName	Caption	请输入参赛队名称:	
		Left	120	
		Top	840	
命令按钮	CmdPk	Caption	OK	Click
		Height	375	
		Width	1215	
		Left	5880	
		Top	240	
	CmdInput	Caption	输入队名	Click
		Height	375	
		Width	1215	
		Left	4440	
		Top	840	

对　象	对象名	属 性 名	属 性 值	事 件 名
命令按钮	CmdOutput	Caption	计算对阵表	Click
		Height	375	
		Width	1215	
		Left	5880	
		Top	840	
文本框	TxtNo	Text	4	无

（2）打开"代码设计"窗口，输入程序代码。

定义窗体级变量代码如下：

```
Dim pos As Integer
Dim a() As String
```

CmdInput_Click()事件代码如下：

```
Private Sub CmdInput_Click()
    If pos = UBound(a) Then
        MsgBox "参赛队已经满了", vbOKOnly + vbCritical, "错误"
        Exit Sub
    End If
    a(pos) = CboName.Text
    CboName.Text = ""
    CboName.SetFocus
    pos = pos + 1
End Sub
```

CmdOk_Click()事件代码如下：

```
Private Sub CmdOk_Click()
    If TxtNo.Text = "" Then
        MsgBox "请输入参赛队数", vbOKOnly + vbCritical, "错误"
        Exit Sub
    End If
    ReDim a(Val(TxtNo.Text))
    CboName.SetFocus
    CmdInput.Enabled = True
    CmdOutput.Enabled = True
End Sub
```

CmdOutput_Click()事件代码如下：

```
Private Sub CmdOutput_Click()
    Dim i As Integer, j As Integer
    Dim ItemX As ListItem
    Call LstView.ColumnHeaders.Add(1, "_Title", "\")
    For i = 0 To UBound(a) - 1
     Call LstView.ColumnHeaders.Add(i + 2, "_TeamX" & CStr(i), a(i), 2000)
        'Set ItemX = LstView.ListItems.add(i + 1, "_TeamY" & CStr(i), a(i))
    Next i
    For i = 0 To UBound(a) - 1
        Set ItemX = LstView.ListItems.Add(i + 1, "_TeamY" & CStr(i), a(i))
        For j = 0 To i
            If j = i Then
                ItemX.SubItems(j + 1) = "无"
            Else
                ItemX.SubItems(j + 1) = a(i) & " vs " & a(j)
            End If
        Next j
    Next i
End Sub
```

CboName_KeyDown()事件代码如下：

```
Private Sub CboName_KeyDown(KeyCode As Integer, Shift As Integer)
    If KeyCode = 13 Then
        a(pos) = CboName.Text
        CboName.Text = ""
        pos = pos + 1
    End If
End Sub
```

（3）保存窗体，运行程序结果如图 1-4-1 所示。

实验5
复制文件

实验题目：设计一个"复制文件"程序。

该程序具有如下控制功能：输入源文件路径及文件名与目标文件路径名，进行文件的复制。
程序运行的结果如图 1-5-1、图 1-5-2 和图 1-5-3 所示。

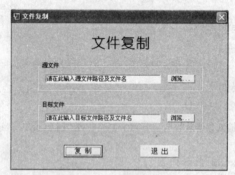

图 1-5-1　文件复制

图 1-5-2　选择源文件

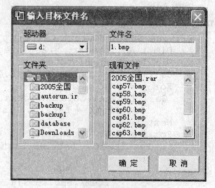

图 1-5-3　输入目标文件名

操作步骤如下。

（1）"文件复制"窗体及主要控件属性参照表 1-5-1 设计。

表 1-5-1　　　　　　　　　　　　　"文件复制"窗体及主要控件的属性

对　　象	对 象 名	属 性 名	属 性 值	事 件 名
窗体	FrmMain	Caption	文件复制	Load Click
		Height	4935	
		Width	6885	

续表

对　　象	对 象 名	属 性 名	属 性 值	事 件 名
框架	FraOrigin	Caption	源文件	无
		Height	855	
		Width	5175	
	FraTarget	Caption	目标文件	
		Height	855	
		Width	5175	
命令按钮	CmdOrigin	Caption	浏览...	Click
		Height	255	
		Width	855	
	CmdTarget	Caption	浏览...	
		Height	255	
		Width	855	
命令按钮	CmdCopy	Caption	复制	Click
		Height	375	
		Width	1215	
	CmdQuit	Caption	退 出	
		Height	375	
		Width	1215	
文本框	TxtOrigin	Text	(空)	Click LostFocus
	TxtTarget	Text	(空)	
标签	LblNote	Caption	文件复制	无

（2）打开"代码设计"窗口，输入"文件复制"窗体程序代码。

定义窗体级变量代码如下：

```
Option Explicit
Const TextA = "请在此输入源文件路径及文件名"
Const TextB = "请在此输入目标文件路径及文件名"
Public FileNameA As String, FileNameB As String    '源文件名、目标文件名
Public FilePath As String                          '源文件路径
```

CmdOrigin_Click()事件代码如下：

```
Private Sub CmdOrigin_Click()
    FrmOrigin.Show                  '打开"选择源文件"窗体
End Sub
```

CmdTarget_Click()事件代码如下：

```
Private Sub CmdTarget_Click()
    FrmTarget.Show                  '打开"输入目标文件名"窗体
End Sub
```

CmdCopy_Click()事件代码如下：

```
Private Sub CmdCopy_Click()
        '如未输入源文件名，则提示错误
    If FileNameA = "" Then
        MsgBox "请输入源文件名！", 48, "错误"
        Exit Sub
```

```
            End If
                '如未输入目标文件名，则提示错误
        If FileNameB = "" Then
            MsgBox "请输入目标文件名！", 48, "错误"
            Exit Sub
        End If
                '如源文件不存在，则提示错误
        If Dir(FileNameA) = "" Then
            MsgBox "源文件不存在！", 48, "错误"
            Exit Sub
        End If
                '如目标文件路径错误，则设置目标文件路径为源文件路径
        If Mid(TxtTarget.Text, 2, 1) <> ":" Then
            If MsgBox("目标文件路径错误。" & vbCrLf & vbCrLf & "文件将复制到 " & FilePath
    & "，目标文件名为 " & TxtTarget.Text & "，确定吗？", 36, "提示") = 7 Then Exit Sub
            If Len(FilePath) = 3 Then
                FileNameB = FilePath & TxtTarget.Text
                TxtTarget.Text = FileNameB
            Else
                FileNameB = FilePath & "\" & TxtTarget.Text
                TxtTarget.Text = FileNameB
            End If
        End If
                '如源文件与目标文件重名，则提示错误
        If FileNameA = FileNameB Then
            MsgBox "目标文件与源文件重名，请更改目标文件名！", 48, "错误"
            Exit Sub
        End If
                '如目标文件已存在，则询问是否覆盖
        If Dir(FileNameB) <> "" Then
            If MsgBox("目标文件已存在，要覆盖现有的文件吗？", 36, "提示") = 7 Then Exit Sub
        End If
        FileCopy FileNameA, FileNameB                    '复制文件
        MsgBox "文件复制成功！", 64, "提示"                 '提示复制成功
        FileNameA = ""
        FileNameB = ""
        TxtOrigin.Text = TextA
        TxtTarget.Text = TextB
        CmdQuit.SetFocus
    End Sub
```

CmdQuit_Click()事件代码如下：

```
    Private Sub CmdQuit_Click()
        End
    End Sub
```

Form_Click()事件代码如下：

```
    Private Sub Form_Click()
        CmdCopy.SetFocus             '使 "复制" 按钮获得焦点
    End Sub
```

Form_Load()事件代码如下：

```
    Private Sub Form_Load()
        FileNameA = ""
```

```
          FileNameB = ""
          FilePath = ""
          TxtOrigin.Text = TextA
          TxtTarget.Text = TextB
      End Sub
```

TxtOrigin_Click()事件代码如下：

```
      Private Sub TxtOrigin_Click()
          If FileNameA = "" Then TxtOrigin.Text = ""    '清除文本框内的提示信息
      End Sub
```

TxtOrigin_LostFocus()事件代码如下：

```
      Private Sub TxtOrigin_LostFocus()
          FileNameA = TxtOrigin.Text              '设置源文件名
          If TxtOrigin.Text = "" Then TxtOrigin.Text = TextA
      '如文件名未输入，则显示提示信息
      End Sub
```

TxtTarget_Click()事件代码如下：

```
      Private Sub TxtTarget_Click()
          If FileNameB = "" Then TxtTarget.Text = ""    '清除文本框内的提示信息
      End Sub
```

TxtTarget_LostFocus()事件代码如下：

```
      Private Sub TxtTarget_LostFocus()
          FileNameB = TxtTarget.Text             '设置目标文件名
          If TxtTarget.Text = "" Then TxtTarget.Text = TextB
              '如文件名未输入，则显示提示信息
      End Sub
```

（3）"选择源文件"窗体及主要控件属性参照表 1-5-2 设计。

表 1-5-2   "选择源文件"窗体及主要控件的属性

对　　象	对象名	属性名	属性值	事件名
窗体	FrmOrigin	Caption	选择源文件	Load
		Height	4020	
		Width	4665	
框架	FraDrv	Caption	驱动器	无
		Height	615	
		Width	1815	
	FraDir	Caption	文件夹	
		Height	1935	
		Width	1815	
	FraFile	Caption	源文件	
		Height	2655	
		Width	2295	
命令按钮	CmdOK	Caption	确　定	Click
		Height	375	
		Width	975	
	CmdCancel	Caption	取　消	
		Height	375	

续表

对　　象	对 象 名	属 性 名	属 性 值	事 件 名
命令按钮	CmdOK	Width	975	Click
驱动器列表框	DrvOrigin	Top	240	Change
目录列表框	DirOrigin	Top	240	Change
文件列表框	FilOrigin	Top	240	Click ，DblClick

（4）打开"代码设计"窗口，输入"选择源文件"窗体程序代码。

CmdOK_Click()事件代码如下：

```
Private Sub CmdOK_Click()
        '如未选择文件，则提示错误
    If FilOrigin.FileName = "" Then
        MsgBox "请选择一个文件! ", 48, "错误"
        Exit Sub
    End If
        '设置源文件路径
    FrmMain.FilePath = FilOrigin.Path
        '设置源文件名
    If Len(FrmMain.FilePath) = 3 Then
        FrmMain.FileNameA = FilOrigin.Path & FilOrigin.FileName
    Else
        FrmMain.FileNameA = FilOrigin.Path & "\" & FilOrigin.FileName
    End If
    FrmMain.TxtOrigin.Text = FrmMain.FileNameA
    FrmMain.CmdCopy.SetFocus
    Unload Me
End Sub
```

CmdCancel_Click()事件代码如下：

```
Private Sub CmdCancel_Click()
    FrmMain.CmdCopy.SetFocus          '使"复制"按钮获得焦点
    Unload Me
End Sub
```

DirOrigin_Change()事件代码如下：

```
Private Sub DirOrigin_Change()
    FilOrigin.Path = DirOrigin.Path      '设置文件列表框的文件路径
End Sub
```

DrvOrigin_Change()事件代码如下：

```
Private Sub DrvOrigin_Change()
    DirOrigin.Path = DrvOrigin.Drive     '设置驱动器列表框的驱动器
End Sub
```

FilOrigin_Click()事件代码如下：

```
Private Sub FilOrigin_Click()
    CmdOk.SetFocus          '使"确定"按钮获得焦点
End Sub
```

FilOrigin_DblClick()事件代码如下：

```
Private Sub FilOrigin_DblClick()
    '设置源文件路径
    FrmMain.FilePath = FilOrigin.Path      '设置源文件路径
```

```
    '设置源文件名
    If Len(FrmMain.FilePath) = 3 Then
        FrmMain.FileNameA = FilOrigin.Path & FilOrigin.FileName
    Else
        FrmMain.FileNameA = FilOrigin.Path & "\" & FilOrigin.FileName
    End If
    FrmMain.TxtOrigin.Text = FrmMain.FileNameA
    FrmMain.CmdCopy.SetFocus
    Unload Me
End Sub
```

Form_Load()事件代码如下：

```
Private Sub Form_Load()
    '如源文件路径为空，则设置文件列表框文件路径为当前路径，否则设置文件列表框文件路径为源文件路径
    If FrmMain.FilePath = "" Then
        DrvOrigin.Drive = App.Path
        DirOrigin.Path = App.Path
        FilOrigin.Path = App.Path
    Else
        DrvOrigin.Drive = FrmMain.FilePath
        DirOrigin.Path = FrmMain.FilePath
        FilOrigin.Path = FrmMain.FilePath
    End If
End Sub
```

（5）"输入目标文件名"窗体及主要控件属性参照表 1-5-3 设计。

表 1-5-3　　　　　　　"输入目标文件名"窗体及主要控件的属性

对　象	对象名	属性名	属性值	事件名
窗体	FrmTarget	Caption	输入目标文件名	Load Click
		Height	4020	
		Width	4665	
框架	FraDrv	Caption	驱动器	无
		Height	615	
		Width	1815	
	FraDir	Caption	文件夹	
		Height	1935	
		Width	1815	
	FraFileName	Caption	文件名	
		Height	615	
		Width	2295	
	FraFile	Caption	现有文件	
		Height	1935	
		Width	2295	
命令按钮	CmdOK	Caption	确　定	Click
		Height	375	
		Width	975	
	CmdCancel	Caption	取　消	
		Height	375	
		Width	975	

对　象	对象名	属性名	属性值	事件名
驱动器列表框	DrvTarget	Top	240	Change
目录列表框	DirTarget	Top	240	Change
文本框	TxtFile	Text		无
文件列表框	FilTarget	Top	240	Click，DblClick

（6）打开"代码设计"窗口，输入"输入目标文件名"窗体程序代码。

CmdOK_Click()事件代码如下：

```
Private Sub CmdOK_Click()
    '如未输入目标文件名，则提示错误
    If TxtFile.Text = "" Then
        MsgBox "请输入目标文件名！", 48, "错误"
        Exit Sub
    End If
    '设置目标文件名
    If Len(FilTarget.Path) = 3 Then
        FrmMain.FileNameB = FilTarget.Path & TxtFile.Text
    Else
        FrmMain.FileNameB = FilTarget.Path & "\" & TxtFile.Text
    End If
    FrmMain.TxtTarget.Text = FrmMain.FileNameB
    FrmMain.CmdCopy.SetFocus
    Unload Me
End Sub
```

CmdCancel_Click()事件代码如下：

```
Private Sub CmdCancel_Click()
    FrmMain.CmdCopy.SetFocus        '使"复制"按钮获得焦点
    Unload Me
End Sub
```

DirTarget_Change()事件代码如下：

```
Private Sub DirTarget_Change()
    FilTarget.Path = DirTarget.Path     '设置文件列表框的文件路径
End Sub
```

DrvTarget_Change()事件代码如下：

```
Private Sub DrvTarget_Change()
    DirTarget.Path = DrvTarget.Drive      '设置驱动器列表框的驱动器
End Sub
```

FilTarget_Click()事件代码如下：

```
Private Sub FilTarget_Click()
    TxtFile.Text = FilTarget.FileName     '在文本框内显示选中的文件名
    CmdOk.SetFocus                        '使"确定"按钮获得焦点
End Sub
```

FilTarget_DblClick()事件代码如下：

```
Private Sub FilTarget_DblClick()
    '设置目标文件名
    If Len(FilTarget.Path) = 3 Then
        FrmMain.FileNameB = FilTarget.Path & TxtFile.Text
```

```
        Else
            FrmMain.FileNameB = FilTarget.Path & "\" & TxtFile.Text
        End If
        FrmMain.TxtTarget.Text = FrmMain.FileNameB
        FrmMain.CmdCopy.SetFocus
        Unload Me
    End Sub
```

Form_Click()事件代码如下：

```
    Private Sub Form_Click()
        CmdOk.SetFocus
    End Sub
```

Form_Load()事件代码如下：

```
    Private Sub Form_Load()
        '如源文件名为空，则设置文件列表框文件路径为当前路径，否则设置文件列表框文件路径为源文件路
径，并且在文本框内显示源文件名
        If FrmMain.FileNameA = "" Then
            TxtFile.Text = ""
            DrvTarget.Drive = App.Path
            DirTarget.Path = App.Path
            FilTarget.Path = App.Path
        Else
            DrvTarget.Drive = FrmMain.FilePath
            DirTarget.Path = FrmMain.FilePath
            FilTarget.Path = FrmMain.FilePath
            If Len(FilTarget.Path) = 3 Then
                TxtFile.Text = Mid(FrmMain.FileNameA, Len(FrmMain.FilePath)
    + 1, Len(FrmMain.FileNameA) - Len(FrmMain.FilePath))
            Else
             TxtFile.Text = Mid(FrmMain.FileNameA, Len(FrmMain.FilePath) + 2,
    Len(FrmMain.FileNameA) - Len(FrmMain.FilePath) - 1)
            End If
            TxtFile.SelStart = 0
            TxtFile.SelLength = Len(TxtFile.Text) - 4
        End If
    End Sub
```

（7）保存窗体，运行程序结果如图 1-5-1、图 1-5-2 和图 1-5-3 所示。

实验 6
选课系统

实验题目：设计一个"选课系统"程序。

该程序具有如下控制功能：可以在不同的专业、不同的课程类别，来对选修课和专业教育课进行选择。

程序运行的结果，如图 1-6-1 所示。

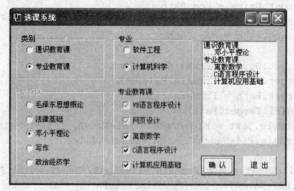

图 1-6-1　选课系统

操作步骤如下。

（1）"选课系统"窗体及主要控件属性参照表 1-6-1 设计。

表 1-6-1　　　　　　　　　　"选课系统"窗体及主要控件的属性

对　　象	对 象 名	属 性 名	属 性 值	事 件 名
窗体	Frm	Caption	选课系统	Load
		Height	4455	
		Width	7185	
列表框	Lst	BackColor	&H80000005&	无
		Height	2580	
		Width	1935	
		Sorted	False	
框架	FraClass	Caption	类别	无
		Height	1095	
		Width	2295	
	FraDepartment	Caption	专业	
		Height	1095	
		Width	2205	

续表

对　　象	对 象 名	属 性 名	属 性 值	事 件 名
框架	FraUsual	Caption	选修课	无
		Height	2175	
		Width	2295	
	FraSpecial	Caption	专业教育课	
		Height	2175	
		Width	2055	
命令按钮	CmdOk	Caption	确　认	Click
		Height	495	
		Width	855	
	CmdOut	Caption	退　出	
		Height	495	
		Width	855	
单选按钮	OptComputer	Caption	计算机科学	Click
	OptSoft	Caption	软件工程	
	OptSpecial	Caption	专业教育课	
	OptUsual	Caption	通识教育课	

（2）打开"代码设计"窗口，输入程序代码。

CmdOk_Click()事件代码如下：

```
Private Sub CmdOk_Click()              '信息确认
Dim i As Integer, j As Integer
    For i = 0 To 4
        If CheLesson(i).Value = 0 Then    '信息错误提示
            MsgBox "专业课为本期必修课，需将专业内课程选全！", 64, "提示"
            Exit Sub
        End If
    Next i
    Lst.AddItem OptUsual.Caption           '在列表框里填加信息
    For j = 0 To 4
        If OptLesson(j).Value = True Then
            Lst.AddItem "..." & OptLesson(j).Caption
        End If
    Next j
    Lst.AddItem OptSpecial.Caption
    If OptSoft(0).Value = True Then
        For j = 0 To 3
            Lst.AddItem "..." & CheLesson(j).Caption
        Next j
    Else
        For j = 2 To 4
            Lst.AddItem "..." & CheLesson(j).Caption
        Next j
    End If
End Sub
```

CmdOut_Click()事件代码如下：

```
Private Sub CmdOut_Click()
```

```
        If Lst.ListCount <> 0 Then
            MsgBox "请留意近期将推出的课程安排，在规定时间上课！", 64, "提示"
            Unload Me
        Else
            Unload Me
        End If
    End Sub
```

Form_Load()事件代码如下：

```
    Private Sub Form_Load()
        FraSpecial.Enabled = False
        FraDepartment.Enabled = False
        FraUsual.Enabled = False
    End Sub
```

OptComputer_Click()事件代码如下：

```
    Private Sub OptComputer_Click(Index As Integer)    '选择计算机科学专业
        CheLesson(4).Value = 0   '非该专业所学课程皆不可选
        CheLesson(0).Value = 2
        CheLesson(1).Value = 2
        FraSpecial.Enabled = True
    End Sub
```

OptSoft_Click()事件代码如下：

```
    Private Sub OptSoft_Click(Index As Integer)         '选择软件工程专业
        CheLesson(4).Value = 2              '非该专业所学课程不可选
        CheLesson(0).Value = 0
        CheLesson(1).Value = 0
        FraSpecial.Enabled = True
    End Sub
```

OptSpecial_Click()事件代码如下：

```
    Private Sub OptSpecial_Click()                  '选择专业教育课
        FraDepartment.Enabled = True               '专业教育课可选
        FraUsual.Enabled = False
    End Sub
```

OptUsual_Click()事件代码如下：

```
    Private Sub OptUsual_Click()                    '选择通识教育课
        FraSpecial.Enabled = False                 '专业教育课不可选
        FraDepartment.Enabled = False
        FraUsual.Enabled = True
    End Sub
```

（3）保存窗体，运行程序，结果如图 1-6-1 所示。

实验 7
小球碰砖块游戏

实验题目：设计一个"小球碰砖块游戏"程序。

该程序具有如下控制功能：

（1）利用控件数组生成规则排列的砖块；

（2）小球、挡板由形状控件产生，小球下落碰到挡板、窗体左右两侧均自动弹起；

（3）小球下落小于挡板水平高度时则失败；

（4）小球每击碎一块砖块则获得加分。

程序运行的结果如图 1-7-1 所示。

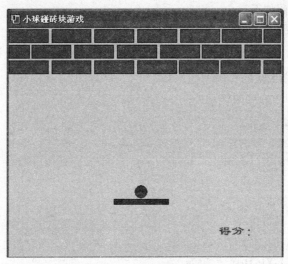

图 1-7-1　小球碰砖块游戏

操作步骤如下。

（1）"小球碰砖块游戏"窗体及主要控件属性参照表 1-7-1 设计。

表 1-7-1　　　　　　　　　"小球碰砖块游戏"窗体及主要控件的属性

对　　象	对 象 名	属 性 名	属 性 值	事 件 名
窗体	Frm1	Caption	小球碰砖块游戏	Load KeyDown
		Height	5805	
		Width	6630	
标签	Lbl1	Caption	得分：	无
		Font	隶书，粗体，小三号字	

续表

对　象	对 象 名	属 性 名	属 性 值	事 件 名
形状	Shp1（0）	Height	315	无
		Width	945	
		BackStyle	1	
		Index	Index：0	
	Shp1（1），Shp1（2），Shp1（3），Shp1（4），Shp1（5），Shp1（8），Shp1（9），Shp1（10），Shp1（11），Shp1（12），Shp1（13），Shp1（14），Shp1（15），Shp1（16），Shp1（17），Shp1（18），Shp1（19）Index 属性分别为：1，2，3，4，5，8，9，10，11，12，14，15，16，17，18，19，Height、Width、BackStyle、 BackColor 属性与 Shp1（0）相同，Top 和 Left 有差异			
	Shp1（6）	Height	420	Shp1（20）与 Shp1（6）相近
		Width	945	
		Index	6	
	Shp1（7）	Width	495	无
		Index	7	
时钟	Tmr1	Enable	True	Timer

（2）打开"代码设计"窗口，输入程序代码。

定义窗体级变量代码如下：

```
Dim ValLeft As Integer, ValTop As Integer
Dim First As Boolean    '判断是否为第一次开球
Dim Score As Integer    '存放得分
```

Form_Load()事件代码如下：

```
Private Sub Form_Load()
    Tmr1.Enabled = False
    Shp3.Left = 3000
    Shp3.Top = 3600
    Shp2.Left = 2500
    Shp2.Top = 3960
    ValLeft = 50
    ValTop = -50
    First = False
    For i = 0 To 20
        Shp1(i).Tag = 0
        Shp1(i).Visible = True
    Next i
End Sub
```

Form_KeyDown()事件代码如下：

```
Private Sub Form_KeyDown(KeyCode As Integer, Shift As Integer)
    If KeyCode = 39 Then
        If Shp2.Left < Me.ScaleWidth - Shp2.Width Then
            Shp2.Left = Shp2.Left + 300
        End If
        If First = False Then
            ValLeft = 50
            First = True
        End If
    ElseIf KeyCode = 37 Then
        If Shp2.Left > 0 Then
```

```
                Shp2.Left = Shp2.Left - 300
            End If
            If First = False Then
                ValLeft = -50
                First = True
            End If
        End If
    Tmr1.Enabled = True
End Sub
```

Tmr1_Timer()事件代码如下：

```
Private Sub Tmr1_Timer()
    Dim i As Integer
    Shp3.Left = Shp3.Left + ValLeft
    If Shp3.Left >= Me.ScaleWidth - Shp3.Width Then
            '控制小球走出左右界时 valleft 的正负，从而控制小球走的方向
        ValLeft = -50
        ElseIf Shp3.Left < 0 Then
        ValLeft = 50
    End If
    Shp3.Top = Shp3.Top + ValTop
    If Shp3.Top < 150 Then    '当小球击到上界的时候 valtop 为正值，使小球下落
        ValTop = 50
    End If
    For i = 0 To 20    '被小球击中的砖消失，valtop 的值为正，使小球下落
        If Shp3.Top <= Shp1(i).Top + Shp1(1).Height And Shp1(i).Tag <> 1 And
(Shp3.Left > Shp1(i).Left And Shp3.Left + Shp3.Width < Shp1(i).Left + Shp1(i).Width) Then
            Shp1(i).Visible = False
            Score = Score + 10
            LblScore.Caption = "得分: " & CStr(Score)
            If Score = 210 Then
                MsgBox "呵呵，你真的是太伟大了，竟然把所有的砖都打碎了!!! "
                Tmr1.Enabled = False
                Exit For
            End If
            Shp1(i).Tag = 1
            ValTop = 50
        End If
    Next i
    If Shp3.Top > Shp2.Top - Shp3.Height And (Shp3.Left + Shp3.Width < Shp2.Left
+ Shp2.Width And Shp3.Left > Shp2.Left) Then
            '当小球落到档板上的时候让 valtop 为负值，这样小样可以向上走
        ValTop = -50
    ElseIf Shp3.Top > Shp2.Top Then
        If MsgBox("太可惜了没有全部击碎，再来一局如何? ", vbYesNo, "惋惜") = vbYes Then
            Score = 0 '将得分清零重新记分
            Tmr1.Enabled = False
            Call Form_Load
        Else
            Unload Me
        End If
    End If
End Sub
```

（3）保存窗体，运行程序，结果如图 1-7-1 所示。

实验8
射击特训游戏

实验题目：设计一个"射击特训游戏"程序。

该程序具有如下控制功能：

（1）累计射击环数，统计总环数和平均环数；

（2）调整射击难度。

程序运行的结果，如图 1-8-1 所示。

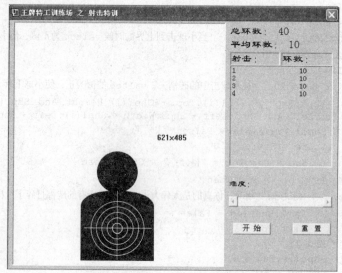

图 1-8-1　王牌特工训练场 之 射击特训

操作步骤如下。

（1）"王牌特工训练场 之 射击特训"窗体及主要控件属性参照表 1-8-1 设计。

表 1-8-1　　　"王牌特工训练场 之 射击特训"窗体及主要控件的属性

对　　象	对 象 名	属 性 名	属 性 值	事 件 名
窗体	Frm	Caption	王牌特工训练场 之 射击特训	Load
		Height	7275	
		Width	9360	
图片框	PicSpace	BackColor	&H00FFFFFF&	无
		Height	446	
		Width	400	
标签	LblTotal	BorderStyle	0 - None	无
		Caption	总环数	
		Font	隶书	

续表

对　象	对 象 名	属 性 名	属 性 值	事 件 名
标签	LblAv	BorderStyle	0 - None	无
		Caption	平均环数	
		Font	隶书	
	LblShot	BorderStyle	1–Fixed Single	无
		Caption	射击	
		Font	隶书	
	LblPoint	BorderStyle	1–Fixed Single	无
		Caption	环数	
		Font	隶书	
时钟	TmrCount	Enabled	True	Timer
		Interval	1000	
图像框	ImgTarget	Stretch	False	无
		Height	210	
		Width	140	
列表框	LstPoint	Columns	0	无
		Sort	False	
		Style	0 - Standard	
滚动条	HsbChange	Value	1	Change
		Min	1	
		Max	5	

（2）打开"代码设计"窗口，输入程序代码。

定义窗体级变量代码如下：

```
Dim Gun_g, Huan_g(1 To 10), Tohua_g, Avhua_g, dx_g, dy_g As Single
Dim Appear_g As Boolean
```

CmdStart_Click()事件代码如下：

```
Private Sub CmdStart_Click()    '开始
    HsbChange.Enabled = False
    PicSpace.Enabled = True
    TmrCount.Enabled = True
End Sub
```

CmdReset_Click()事件代码如下：

```
Private Sub CmdReset_Click()    '重置
    Call Form_Load
    CmdStart.Enabled = True
    HsbChange.Enabled = True
    LstPoint.Clear
End Sub
```

Form_Load()事件代码如下：

```
Private Sub Form_Load()    '初始化数据
    LblShot.Caption = "射击："
    LblPoint.Caption = "环数："
    LblTotal.Caption = "总环数："
    LblAv.Caption = "平均环数："
    TmrCount.Interval = 1000
    TmrCount.Enabled = False
    PicSpace.Enabled = False
    Gun_g = 0
    Tohua_g = 0
```

```
        Avhua_g = 0
        dx_g = 0
        dy_g = 0
    End Sub
```

HsbChange_Change()事件代码如下：

```
    Private Sub HsbChange_Change()   '调整难度
        CmdStart.Enabled = True
        TmrCount.Interval = 2000 / HsbChange.Value
    End Sub
```

PicSpace_MouseDown()事件代码如下：

```
    Private Sub PicSpace_MouseDown(Button As Integer, Shift As Integer, X As Single,
Y As Single)   '射击
        PicSpace.DrawWidth = 5
        PicSpace.PSet (X, Y), vbRed
        Gun_g = Gun_g + 1
        If Gun_g > 10 Then
            MsgBox "对不起，您的子弹已经用完了！"
            PicSpace.Enabled = False
            TmrCount.Enabled = False
            CmdStart.Enabled = True
            HsbChange.Enabled = True
            LblShot.Caption = "射击："
            LblPoint.Caption = "环数："
            LblTotal.Caption = "总环数："
            LblAv.Caption = "平均环数："
            Gun_g = 0
            Tohua_g = 0
            Avhua_g = 0
            dx_g = 0
            dy_g = 0
        Else
            Huan_g(Gun_g) = 10 - Int(Sqr((X - (dx_g + 70)) ^ 2 + (Y - (dy_g + 140)) ^ 2) / 10)
            If Huan_g(Gun_g) < 0 Then Huan_g(Gun_g) = 0
            Tohua_g = Tohua_g + Huan_g(Gun_g)
            LblTotal.Caption = "总环数：" + Str(Tohua_g)
            Avhua_g = Int(Tohua_g / Gun_g)
            LblAv.Caption = "平均环数：" + Str(Avhua_g)
            LstPoint.AddItem Gun_g & "                " & Huan_g(Gun_g)
        End If
    End Sub
```

TmrCount_Timer()事件代码如下：

```
    Private Sub TmrCount_Timer()
        Randomize
        PicSpace.DrawWidth = 1
        PicSpace.Cls
        If Appear_g Then
            Appear_g = False
            dx_g = Int((400 - 140) * Rnd())
            dy_g = Int((450 - 210) * Rnd())
            If dx_g < 50 Then dx_g = 50
            If dy_g < 50 Then dy_g = 50
            PicSpace.PaintPicture ImgTarget.Picture, dx_g, dy_g
        Else
            Appear_g = True
        End If
    End Sub
```

（3）保存窗体，运行程序，结果如图 1-8-1 所示。

实验 9 透明窗体

实验题目：设计一个"透明窗体"程序。

该程序具有如下控制功能：利用 API 函数设计一个局部透明的窗体。

程序运行的结果，如图 1-9-1 所示。

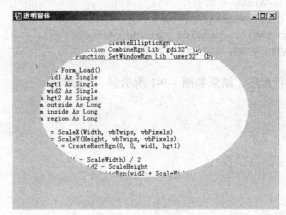

图 1-9-1　透明窗体

操作步骤如下。

（1）"透明窗体"窗体及主要控件属性参照表 1-9-1 设计。

表 1-9-1　　　　　　　　　　　　　"透明窗体"窗体及主要控件的属性

对　象	对 象 名	属 性 名	属 性 值	事 件 名
窗体	Frm	Caption	透明窗体	Load
		Height	5820	
		Width	7770	

（2）打开"代码设计"窗口，输入程序代码。

API 函数声明：

Private Declare Function CreateRectRgn Lib "gdi32" (ByVal X1 As Long, ByVal Y1 As Long, ByVal X2 As Long, ByVal Y2 As Long) As Long

Private Declare Function CreateEllipticRgn Lib "gdi32" (ByVal X1 As Long, ByVal Y1 As Long, ByVal X2 As Long, ByVal Y2 As Long) As Long

Private Declare Function CombineRgn Lib "gdi32" (ByVal hDestRgn As Long, ByVal hSrcRgn1 As Long, ByVal hSrcRgn2 As Long, ByVal nCombineMode As Long) As Long

Private Declare Function SetWindowRgn Lib "user32" (ByVal hWnd As Long, ByVal hRgn As

Long, ByVal bRedraw As Long) As Long

Form_Load()事件代码如下：

```
Private Sub Form_Load()
    Dim wid1 As Single
    Dim hgt1 As Single
    Dim wid2 As Single
    Dim hgt2 As Single
    Dim outside As Long
    Dim inside As Long
    Dim region As Long
    wid1 = ScaleX(Width, vbTwips, vbPixels)
    hgt1 = ScaleY(Height, vbTwips, vbPixels)
    outside = CreateRectRgn(0, 0, wid1, hgt1)
    wid2 = (wid1 - ScaleWidth) / 2
    hgt2 = hgt1 - wid2 - ScaleHeight
    inside = CreateEllipticRgn(wid2 + ScaleWidth * 0.1, hgt2 + ScaleHeight * 0.1,
ScaleWidth * 0.9, ScaleHeight * 0.9)
    region = CreateRectRgn(0, 0, 0, 0)
    CombineRgn region, outside, inside, 4
    SetWindowRgn hWnd, region, True
End Sub
```

（3）保存窗体，运行程序，结果如图 1-9-1 所示。

实验 10
日志管理

实验题目：设计一个"日志管理"程序。

该程序具有如下控制功能：

（1）可以新键、打开、保存、打印日志文件；

（2）日期、时间显示；

（3）文件管理；

（4）任务管理；

（5）通讯录管理；

（6）调用 Windows 自带计算器；

（7）复制、粘贴、剪切文本编辑功能。

程序运行的结果，如图 1-10-1、图 1-10-2、图 1-10-3、图 1-10-4、图 1-10-5、图 1-10-6、图 1-10-7 和图 1-10-8 所示。

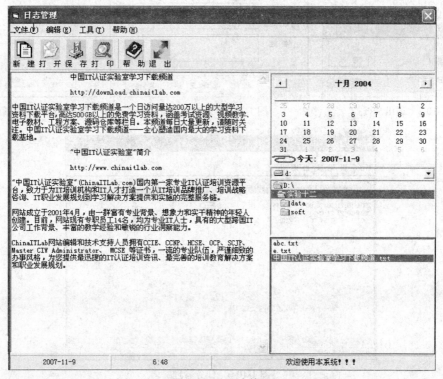

图 1-10-1　日志管理

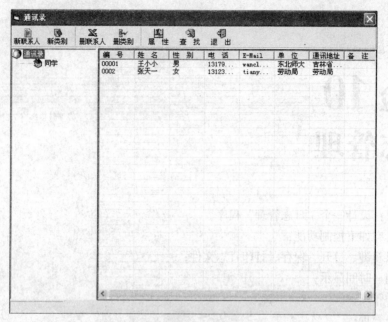

图 1-10-2　通讯录

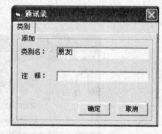

图 1-10-3　通讯录查找　　　　图 1-10-4　新建通讯录　　　　图 1-10-5　新建通讯录类别

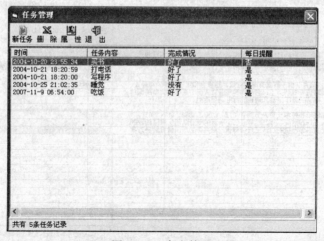

图 1-10-6　任务管理

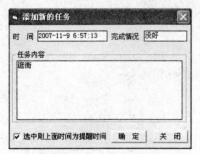

图 1-10-7　添加新的任务

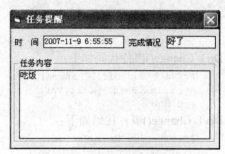

图 1-10-8　任务提醒

操作步骤如下。

（1）"日志管理"窗体及主要控件属性参照表 1-10-1 设计。

表 1-10-1　　　　　　　　"日志管理"窗体及主要控件的属性

对　　象	对象名	属性名	属性值	事件名
窗体	FrmMain	Caption	日志管理	Load QueryUnload
		Height	8745	
		Width	10545	
文本框	Txt1	Text		无
		Height	6735	
		Width	6375	
工具栏	Toolbar1	ButtonWidth	765	ButtonClick
		ButtonWidth	10335	
驱动器列表框	Drv1	Top	3120	Change
目录列表框	Dir1	Top	3420	Change
文件列表框	File1	Top	4800	DblClick
状态栏	StatusBar1	ShowTips	True	无

（2）打开"代码设计"窗口，输入"日志管理"窗体程序代码。

Address_Click()事件代码如下：

```
Private Sub Address_Click()
    FrmAddress.Show
End Sub
```

Cal_Click()事件代码如下：

```
Private Sub Cal_Click()
    Shell App.Path & "\soft\calc.exe"
End Sub
```

Copy_Click()事件代码如下：

```
Private Sub Copy_Click()
    Clipboard.Clear
    Clipboard.SetText Txt1.SelText
End Sub
```

Cut_Click()事件代码如下：

```
Private Sub Cut_Click()
    Clipboard.Clear
    Clipboard.SetText Txt1.SelText
    Txt1.SelText = ""
End Sub
```

DayTime_Click()事件代码如下：

```
    Private Sub DayTime_Click()
        Txt1.SelText = Now
    End Sub
```

Dir1_Change()事件代码如下：

```
    Private Sub Dir1_Change()
        File1.Path = Dir1.Path
    End Sub
```

Drv1_Change()事件代码如下：

```
    Private Sub Drv1_Change()
        Dir1.Path = Drv1.Drive
    End Sub
```

File1_DblClick()事件代码如下：

```
    Private Sub File1_DblClick()
        Dim temp As String
        Dim filename As String
        If File1.filename <> "" Then
            Txt1.Text = ""     '先清空文本框中的内容，以便放入新的内容
            filename = File1.filename
            Open filename For Input As #1
            Do While Not EOF(1)
                Line Input #1, temp
                Txt1.Text = Txt1.Text & temp & vbCrLf
            Loop
            Close #1
        End If
    End Sub
```

Form_Load()事件代码如下：

```
    Private Sub Form_Load()
        FrmTask_Notice.Show
        '将任务提醒窗口调入并使其隐藏当有需要提醒的任务时则出现
        FrmTask_Notice.Visible = False
    End Sub
```

Form_QueryUnload()事件代码如下：

```
    Private Sub Form_QueryUnload(Cancel As Integer, UnloadMode As Integer)
        Dim qFrm As Form
        bQuit = True
        For Each qFrm In Forms
            Unload qFrm
        Next
    End Sub
```

Open_Click()事件代码如下：

```
    Private Sub Open_Click()
        Dim temp As String
        Dim filename As String
        Cdlg1.Filter = "文本文件(*.txt)|*.txt"
        Cdlg1.ShowOpen
        If Cdlg1.filename <> "" Then
            Txt1.Text = ""           '先清空文本框中的内容，以便放入新的内容
            filename = Cdlg1.filename
            Open filename For Input As #1
            Do While Not EOF(1)
                Line Input #1, temp
                Txt1.Text = Txt1.Text & temp & vbCrLf
            Loop
            Close #1
        End If
```

```
        End Sub
```

Paste_Click()事件代码如下：

```
    Private Sub Paste_Click()
        Txt1.SelText = Clipboard.GetText
    End Sub
```

Print_Click()事件代码如下：

```
    Private Sub Print_Click()
        Cdlg1.ShowPrinter
    End Sub
```

Quit_Click()事件代码如下：

```
    Private Sub Quit_Click()
        Unload Me
    End Sub
```

Save_Click()事件代码如下：

```
    Private Sub Save_Click()
        Dim filename As String
        Cdlg1.Filter = "文本文件(*.txt)|*.txt"
        Cdlg1.ShowSave
        If Cdlg1.filename <> "" Then
            filename = Cdlg1.filename
            Open filename For Output As #1
            Print #1, Txt1.Text
            Close #1
        End If
        File1.Refresh
    End Sub
```

Task_Click()事件代码如下：

```
    Private Sub Task_Click()
        FrmTask.Show
    End Sub
```

Toolbar1_ButtonClick()代码如下：

```
    Private Sub Toolbar1_ButtonClick(ByVal Button As MSComctlLib.Button)
        Select Case Button
            Case "新 建"
                Txt1.Text = ""
                Txt1.SetFocus
            Case "打 开"
                Call Open_Click
            Case "保 存"
                Call Save_Click
            Case "打 印"
                Call Print_Click
            Case "退 出"
                Unload Me
        End Select
    End Sub
```

（3）"通讯录"窗体及主要控件属性参照表 1-10-2 设计。

表 1-10-2　　　　　　　　　　　　　　"通讯录"窗体及主要控件的属性

对　　象	对 象 名	属 性 名	属 性 值	事 件 名
窗体	FrmAddress	Caption	通讯录	Load
		Height	7980	
		Width	9840	

对 象	对象名	属性名	属性值	事件名
文本框	Txt1	Text		无
		Height	6735	
		Width	6375	
工具栏	Toolbar1	ButtonWidth	524.9764	ButtonClick
		ButtonWidth	824.882	
树视图	TreeView1	Sorted	False	Click, DblClick
列表视图	Lvw1	Sorted	False	ColumnClick DblClick
		SortKey	0	
		SortOrder	0 - lvwAscend	
图像框	ImgSpliter	Stretch	False	MouseDown MouseMove MouseUp
		Height	2295	
		Width	2295	
图片框	PicSpliter	Appearance	1-1- 3D	无
		Height	3165	
		Width	120	

（4）打开"代码设计"窗口，输入"通讯录"窗体程序代码。

定义窗体级变量代码如下：

```
Dim mbMoving As Boolean                        '是否移动滑条
```

Form_Load()事件代码如下：

```
Private Sub Form_Load()
    Dim clm As ColumnHeader
    Dim StrId As String
    Dim StrText As String
    Call Position                '调整控件位置
    PicSpliter.Visible = False
    TreeView1.ImageList = Imagelist1
    TreeView1.LabelEdit = tvwManual               '使树中节点 Text 不可更改
    Lvw1.LabelEdit = lvwManual          '使 listview 的数据不可更改
    TreeView1.Style = tvwTreelinesPlusMinusPictureText
    Call ShowTree                          '在树中显示类别
    Lvw1.View = lvwReport
    Set clm = Lvw1.ColumnHeaders.Add(, , "编  号", Lvw1.Width / 8)
    Set clm = Lvw1.ColumnHeaders.Add(, , "姓  名", Lvw1.Width / 8)
    Set clm = Lvw1.ColumnHeaders.Add(, , "性  别", Lvw1.Width / 8)
    Set clm = Lvw1.ColumnHeaders.Add(, , "电  话", Lvw1.Width / 8)
    Set clm = Lvw1.ColumnHeaders.Add(, , "E-Mail", Lvw1.Width / 8)
    Set clm = Lvw1.ColumnHeaders.Add(, , "单  位", Lvw1.Width / 8)
    Set clm = Lvw1.ColumnHeaders.Add(, , "通讯地址", Lvw1.Width / 8)
    Set clm = Lvw1.ColumnHeaders.Add(, , "备  注", Lvw1.Width / 8)
    Call ShowDataInlvw("Select * from Address")
End Sub
```

ShowTree()过程代码如下：

```
Private Sub ShowTree()
    Dim nodx As Node
    Dim DB As Database
    Dim RS As Recordset
```

```
        Set DB = OpenDatabase(App.Path & "\data\log.mdb")
        Set RS = DB.OpenRecordset("kind")
        TreeView1.Nodes.Clear
        Set nodx = TreeView1.Nodes.Add(, , "通讯录", "通讯录", 16)
        Do While Not RS.EOF
            StrId = "ID" & CStr(RS!Index)
            StrText = RS!Text
        Set nodx = TreeView1.Nodes.Add("通讯录", tvwChild, StrId, StrText, 11)
            RS.MoveNext
        Loop
        TreeView1.Nodes(1).Expanded = True          '将树展开
        RS.Close
        Set RS = Nothing
        DB.Close
        Set DB = Nothing
    End Sub
```

ShowDataInlvw()过程代码如下：

```
    Private Sub ShowDataInlvw(StrSql As String)
        Dim DB As Database
        Dim RS As Recordset
        Dim iItm As ListItem
        Set DB = OpenDatabase(App.Path & "\data\log.mdb")
        Set RS = DB.OpenRecordset(StrSql)
        Lvw1.ListItems.Clear
        Do While Not RS.EOF
            Set Itm = Lvw1.ListItems.Add(, , RS!编号)
            Itm.SubItems(1) = RS!姓名
            Itm.SubItems(2) = RS!性别
            Itm.SubItems(3) = RS!电话
            Itm.SubItems(4) = RS!Email
            Itm.SubItems(5) = RS!单位
            Itm.SubItems(6) = RS!通讯地址
            Itm.SubItems(7) = RS!备注
            RS.MoveNext
        Loop
    End Sub
```

Position()过程代码如下：

```
    Private Sub Position()
        Lvw1.Left = TreeView1.Width + 30
        Lvw1.Width = Me.ScaleWidth - Lvw1.Left
        Lvw1.Height = TreeView1.Height
        CoolBar1.Width = Me.ScaleWidth
        ImgSpliter.Left = TreeView1.Width - 20
        ImgSpliter.Top = TreeView1.Top
        ImgSpliter.Height = TreeView1.Height
        PicSpliter.Left = ImgSpliter.Left
        PicSpliter.Top = ImgSpliter.Top
        PicSpliter.Height = ImgSpliter.Height
    End Sub
```

ImgSpliter_MouseDown()事件代码如下：

```
    Private Sub ImgSpliter_MouseDown(Button As Integer, Shift As Integer, x As Single,
y As Single)
        With ImgSpliter
            PicSpliter.Move .Left, .Top + 20, .Width, .Height - 40
        End With
        PicSpliter.Visible = True
```

```
            mbMoving = True
        End Sub
```

ImgSpliter_MouseMove()事件代码如下：

```
    Private Sub ImgSpliter_MouseMove(Button As Integer, Shift As Integer, x As Single,
y As Single)
        Dim sglPos As Single
        If mbMoving Then
            sglPos = x + ImgSpliter.Left
            If sglPos < 500 Then
                PicSpliter.Left = 500
            ElseIf sglPos > Me.Width - 500 Then
                PicSpliter.Left = Me.Width - 500
            Else
                PicSpliter.Left = sglPos
            End If
        End If
    End Sub
```

ImgSpliter_MouseUp()事件代码如下：

```
    Private Sub ImgSpliter_MouseUp(Button As Integer, Shift As Integer, x As Single,
y As Single)
        SizeControls PicSpliter.Left
        PicSpliter.Visible = False
        mbMoving = False
    End Sub
```

SizeControls()过程代码如下：

```
    Sub SizeControls(x As Single)   '控制拖曳后 treeview、listview 等的位置
        On Error Resume Next
        '设置拖曳的范围，即(1500——(窗体宽度-1500))
        If x < 1500 Then x = 1500
        If x > 6000 Then x = 3000
        TreeView1.Width = x
        ImgSpliter.Left = x
        Lvw1.Left = x + 30
        Lvw1.Width = Me.ScaleWidth - (TreeView1.Width + 30)
    End Sub
```

Lvw1_ColumnClick()事件代码如下：

```
    Private Sub Lvw1_ColumnClick(ByVal ColumnHeader As MSComctlLib.ColumnHeader)
        '使记录按升（降）序排列
        Dim intSortKey, intRnd As Integer
        Lvw1.SortKey = ColumnHeader.Index - 1
        intSortKey = Lvw1.SortKey
        Lvw1.SortOrder = Abs(Not Lvw1.SortOrder = 1)
        Lvw1.Sorted = True
        If intSortKey > -1 Then
            intRnd = intSortKey
        End If
    End Sub
```

Lvw1_DblClick()事件代码如下：

```
    Private Sub Lvw1_DblClick()
        Flag2 = "property"
        FrmAddress_New.Show
    End Sub
```

Toolbar1_ButtonClick()事件代码如下：

```
    Private Sub Toolbar1_ButtonClick(ByVal Button As MSComctlLib.Button)
        Select Case Button
            Case "新联系人"
```

```
                If TreeView1.SelectedItem.Key = "通讯录" Then
                    MsgBox "请先选择类别再添加联系人!!! ", vbOKOnly + vbInformation, "提示"
                    Exit Sub
                End If
                KindId = Mid(TreeView1.SelectedItem.Key, 3)
             '将树中被选节点的 key 值数字部分存到 kindid 中
                Flag2 = "new"
                FrmAddress_New.Show
            Case "新类别"
                Flag1 = "new"
                FrmAddress_NewKind.Show
            Case "删联系人"
                Call Delete_1
            Case "删类别"
                Call Delete_2
            Case "属  性"
                Flag2 = "property"
                FrmAddress_New.Show
            Case "查  找"
                FrmAddress_Find.Show
            Case "退  出"
                Unload Me
        End Select
    End Sub
```

Delete_2()过程代码如下：

```
    Private Sub Delete_2()
        Dim DB As Database
        Dim RS As Recordset              'kind
        Dim Rs1 As Recordset             'address
        Dim StrSql As String, StrSql1 As String
        Dim Num As Long
        Set DB = OpenDatabase(App.Path & "\data\log.mdb")
        If TreeView1.SelectedItem.Key = "通讯录" Then
            MsgBox "此类别不能删除!!! ", vbOKOnly + vbInformation, "提示"
            Exit Sub
        Else
            If MsgBox("类别删除后，属于其中的联系人也将被删除，你确定删除吗？", vbYesNo +
vbQuestion, "删除") = vbYes Then
                Num = Val(Mid(TreeView1.SelectedItem.Key, 3))
              StrSql1 = "select * from address where 类别ID=" & Num
                Set Rs1 = DB.OpenRecordset(StrSql1)
                Do While Not Rs1.EOF
                    Rs1.Delete
                    Rs1.MoveNext
                Loop
                Rs1.Close
                Set Rs1 = Nothing
                StrSql = "select * from kind where index=" & Num
                Set RS = DB.OpenRecordset(StrSql)
                RS.Delete
                RS.Close
                Set RS = Nothing
                DB.Close
                Set DB = Nothing
                Call ShowTree
            Else
```

```
        DB.Close
        Set DB = Nothing
        Exit Sub
     End If
  End If
End Sub
```

Delete_1()过程代码如下：

```
Private Sub Delete_1()
    Dim DB As Database
    Dim RS As Recordset
    Dim StrNum As String
    Dim StrSql As String
    Set DB = OpenDatabase(App.Path & "\data\log.mdb")
    If Lvw1.ListItems.Count > 0 Then
        If Lvw1.SelectedItem.Text <> "" Then
            StrNum = Lvw1.SelectedItem.Text
            If MsgBox("你确定要删除编号为" & StrNum & "的联系人吗？", vbYesNo +
vbQuestion, "删除") = vbYes Then
                StrSql = "select * from address where 编号='" & StrNum & "'"
                Set RS = DB.OpenRecordset(StrSql)
                RS.Delete

                RS.Close
                Set RS = Nothing
                DB.Close
                Set DB = Nothing
        Call ShowDataInlvw("select * from address where 类别ID=" & KindId)
    '将列表中数据更新
            Else
                DB.Close
                Set DB = Nothing
                Exit Sub
            End If
        Else     '没有选择要删除的记录时出现提示
           MsgBox "请选择要删除的记录!!! ", vbOKOnly + vbInformation, "提示"
                DB.Close
                Set DB = Nothing
                Exit Sub
        End If
    Else         '列表中没有记录时则退出此过程
        DB.Close
        Set DB = Nothing
        Exit Sub
    End If

End Sub
```

TreeView1_Click()事件代码如下：

```
Private Sub TreeView1_Click()
    Dim StrSql As String
    'Dim temp As Long
    If TreeView1.SelectedItem.Key = "通讯录" Then
        StrSql = "select * from address"
    Else
        KindId = Val(Mid(TreeView1.SelectedItem.Key, 3))
        StrSql = "select * from Address where 类别ID =" & KindId
    End If
```

```
        Call ShowDataInlvw(StrSql)
    End Sub
```

TreeView1_DblClick()事件代码如下：

```
    Private Sub TreeView1_DblClick()
        Dim DB As Database
        Dim RS As Recordset
        Dim StrSql As String
        Dim temp As Long
        Set DB = OpenDatabase(App.Path & "\data\log.mdb")
        temp = Val(Mid(TreeView1.SelectedItem.Key, 3))
        StrSql = "select * from kind where index=" & temp
        Set RS = DB.OpenRecordset(StrSql)
        If Not RS.EOF Then
            With FrmAddress_NewKind
                .Txt1.Text = RS!Text
                .Txt2.Text = RS!Description
            End With
            RS.Close
            Set RS = Nothing
            DB.Close
            Set DB = Nothing
            Flag1 = ""
            FrmAddress_NewKind.Show
        Else
            Exit Sub
        End If
    End Sub
```

（5）"通讯录查找"窗体及主要控件属性参照表 1-10-3 设计。

表 1-10-3　　　　　　　　　　"通讯录查找"窗体及主要控件的属性

对　象	对象名	属性名	属性值	事件名
窗体	FrmAddress_Find	Caption	通讯录	无
		Height	1935	
		Width	4485	
框架	Fram1	Caption	查找	无
		Height	1215	
		Width	2955	
单选按钮	Opt1	Caption	按编号查找	Click
	Opt2	Caption	按姓名查找	
文本框	Txt1	Alignment	0 – Left Just	无
		Height	315	
		Width	1305	
	Txt2	Alignment	0 – Left Just	
		Height	315	
		Width	1305	
命令	Cmd1	Caption	查　找	Click
		Height	345	
		Width	1065	
	Cmd2	Caption	关　闭	
		Height	345	
		Width	1065	

（6）打开"代码设计"窗口，输入"通讯录查找"窗体程序代码。

Cmd1_Click()事件代码如下：

```
Private Sub Cmd1_Click()
    Dim DB As Database
    Dim RS As Recordset
    Dim Itm As ListItem
    Dim StrSql As String
    Dim StrFind As String
    Set DB = OpenDatabase(App.Path & "\data\log.mdb")
    If Opt1.Value = True Then    '按编号查找
        If Txt1.Text = "" Then
        MsgBox "编号不能为空,请输入! ", vbOKOnly + vbInformation, "提示"
            Txt1.SetFocus
            Exit Sub

        Else
            StrFind = Txt1.Text
        StrSql = "select * from address where 编号 like'" & StrFind & "'*"    '使其能
够模糊查找
        End If
    Else                         '按姓名查找
        If Txt2.Text = "" Then
        MsgBox "姓名不能为空,请输入! ", vbOKOnly + vbInformation, "提示"
            Txt2.SetFocus
            Exit Sub
        Else
            StrFind = Txt2.Text
            StrSql = "select * from address where 姓名 like'" & StrFind & "*'"   '
使其能够模糊查找
        End If
    End If
    Set RS = DB.OpenRecordset(StrSql)
    If RS.EOF Then
            MsgBox "没有找到符合条件的记录!!! ", vbOKOnly + vbInformation, "提示"
            RS.Close
            Set RS = Nothing
            DB.Close
            Set DB = Nothing
            Exit Sub
    End If
    With FrmAddress
            .Lvw1.ListItems.Clear
            Do While Not RS.EOF
                Set Itm = .Lvw1.ListItems.Add(, , RS!编号)
                Itm.SubItems(1) = RS!姓名
                Itm.SubItems(2) = RS!性别
                Itm.SubItems(3) = RS!电话
                Itm.SubItems(4) = RS!Email
                Itm.SubItems(5) = RS!单位
                Itm.SubItems(6) = RS!通讯地址
                Itm.SubItems(7) = RS!备注
                RS.MoveNext
            Loop
    End With
    RS.Close
```

```
        Set RS = Nothing
        DB.Close
        Set DB = Nothing
        Unload Me
    End Sub
```

Cmd2_Click()事件代码如下：

```
    Private Sub Cmd2_Click()
        Unload Me
    End Sub
```

Opt1_Click()事件代码如下：

```
    Private Sub Opt1_Click()
        Txt1.Enabled = True
        Txt1.SetFocus
        Txt2.Enabled = False
        Txt2.Text = ""
    End Sub
```

Opt2_Click()事件代码如下：

```
    Private Sub Opt2_Click()
        Txt2.Enabled = True
        Txt2.SetFocus
        Txt1.Enabled = False
        Txt1.Text = ""
    End Sub
```

（7）"新建通讯录"窗体及主要控件属性参照表 1-10-4 设计。

表 1-10-4　　　　　　　　　　　　"新建通讯录"窗体及主要控件的属性

对　　象	对 象 名	属 性 名	属 性 值	事 件 名
窗体	FrmAddress_New	Caption	通讯录	Load
		Height	3975	
		Width	5205	
框架	Fram1	Caption	新联系人	无
		Height	3285	
		Width	4665	
选项卡	TabStrip1	标题	添 加	无
文本框	Txt1（0-7）	Appearance	0 - Flat	无
命令	Cmd1	Caption	确定	Click
		Height	345	
		Width	1035	
	Cmd2	Caption	取消	
		Height	345	
		Width	1035	

（8）打开"代码设计"窗口，输入"新建通讯录"窗体程序代码。

Cmd1_Click()事件代码如下：

```
    Private Sub Cmd1_Click()
        '已经在 txt1 的 maxlenth 属性中限制了可输数据的长度
        '所以可不判断输出的数据是否超出数据库中规定的数据长度
        Dim DB As Database
        Dim RS As Recordset
        Set DB = OpenDatabase(App.Path & "\data\log.mdb")
```

```
        If Txt1(1).Text = "" Then
            MsgBox "姓名必须输入!!! ", vbOKOnly + vbInformation, "提示"
            Txt1(1).SetFocus
            Exit Sub
        Else
            If Flag2 = "new" Then
                Set RS = DB.OpenRecordset("address")
                RS.AddNew
                RS!类别ID = KindId
            Else
    Set RS = DB.OpenRecordset("select * from address where 编号='" & Txt1(0).Text & "'")
                RS.Edit
            End If
            RS!编号 = Txt1(0).Text
            RS!姓名 = Txt1(1).Text
            RS!性别 = Txt1(2).Text
            RS!电话 = Txt1(3).Text
            RS!Email = Txt1(4).Text
            RS!单位 = Txt1(5).Text
            RS!通讯地址 = Txt1(6).Text
            RS!备注 = Txt1(7).Text
            RS.Update
        End If
        Call LvwRefresh                 '将添加的记录显示在"通讯录"中
        Unload Me
    End Sub
```

LvwRefresh()过程代码如下：

```
    Private Sub LvwRefresh()
        Dim Itm As ListItem
        Dim DB As Database
        Dim RS As Recordset
        Dim StrSql As String
        Set DB = OpenDatabase(App.Path & "\data\log.mdb")
        StrSql = "select * from address where 类别ID=" & KindId
        Set RS = DB.OpenRecordset(StrSql)
        With FrmAddress
            .Lvw1.ListItems.Clear
            Do While Not RS.EOF
                Set Itm = .Lvw1.ListItems.Add(, , RS!编号)
                Itm.SubItems(1) = RS!姓名
                Itm.SubItems(2) = RS!性别
                Itm.SubItems(3) = RS!电话
                Itm.SubItems(4) = RS!Email
                Itm.SubItems(5) = RS!单位
                Itm.SubItems(6) = RS!通讯地址
                Itm.SubItems(7) = RS!备注
                RS.MoveNext
            Loop
        End With
        RS.Close
        Set RS = Nothing
        DB.Close
        Set DB = Nothing
    End Sub
```

Cmd2_Click()事件代码如下：

```
Private Sub Cmd2_Click()
    Unload Me
End Sub
```

Form_Load()事件代码如下：

```
Private Sub Form_Load()
    Dim DB As Database
    Dim RS As Recordset
    Dim Num As String
    Dim temp As String
    Dim i As Integer
    If Flag2 = "new" Then
        Set DB = OpenDatabase(App.Path & "\data\log.mdb")
        Set RS = DB.OpenRecordset("address")
    If RS.EOF Then        '如果是第一次向 address 中添加记录则编号为"00001"
        Num = "0001"
    Else
        RS.MoveLast
        temp = Val(RS!编号)
        Num = String(4 - Len(temp), "0") & CStr(Val(temp) + 1)
    End If
    Txt1(0).Locked = True      '使文本框中的内容不可更改
    Txt1(0).Text = Num          '自动填入编号
    RS.Close
    Set RS = Nothing
    DB.Close
    Set DB = Nothing
    Else
        Txt1(0).Text = FrmAddress.Lvw1.SelectedItem.Text
    For i = 1 To FrmAddress.Lvw1.SelectedItem.ListSubItems.Count
    Txt1(i).Text = FrmAddress.Lvw1.SelectedItem.SubItems(i)
        Next i
    End If
End Sub
```

（9）"新建通讯录类别"窗体及主要控件属性参照表 1-10-5 设计。

表 1-10-5　　　　　　　　　"新建通讯录类别"窗体及主要控件的属性

对　　象	对 象 名	属 性 名	属 性 值	事 件 名
窗体	FrmAddress_NewKind	Caption	通讯录	无
		Height	3240	
		Width	4080	
框架	frAdd	Caption	添加	无
		Height	2295	
		Width	3735	
选项卡	TabStrip1	标题	类别	无
文本框	txt1	Appearance	1 – 3D	无
		Height	315	
		Width	2535	
	Txt2	Appearance	1 – 3D	
		Height	315	
		Width	2535	

续表

对　象	对 象 名	属 性 名	属 性 值	事 件 名
命令	Cmd1	Caption	确定	Click
		Height	345	
		Width	870	
	Cmd2	Caption	取消	
		Height	345	
		Width	870	

（10）打开"代码设计"窗口，输入"新建通讯录类别"窗体程序代码。

Cmd1_Click()事件代码如下：

```
Private Sub Cmd1_Click()
    Dim DB As Database
    Dim RS As Recordset
    Set DB = OpenDatabase(App.Path & "\data\log.mdb")
    If Trim(txt1.Text) = "" Then
MsgBox "类别名不能够为空，请重新输!!! ", vbOKOnly + vbInformation, "提示"
        Exit Sub
        txt1.SetFocus
    Else
        StrSql = "select * from kind where text='" & txt1.Text & "'"
        Set RS = DB.OpenRecordset(StrSql)
        If RS.EOF Then
            If Flag1 = "new" Then
                RS.AddNew
            Else
                RS.Close
                StrSql    =    "select    *    from    kind    where    text='"    &
FrmAddress.TreeView1.SelectedItem.Text & "'"
                Set RS = DB.OpenRecordset(StrSql)
                RS.Edit
            End If
            RS!Text = txt1.Text
            RS!Description = txt2.Text
            RS.Update
        Else
            MsgBox "这个类别名已经存在，请重新输入!!! ",vbOKOnly + vbInformation,"提示"
            Exit Sub
            txt1.SetFocus
        End If
     End If
    RS.Close
    Set RS = Nothing
    DB.Close
    Set DB = Nothing
    Call TreeRefresh        '将新的类别显示在树中
     Unload Me
End Sub
```

TreeRefresh()事件代码如下：

```
Private Sub TreeRefresh()
    Dim nodx As Node
    Dim DB As Database
    Dim RS As Recordset
    Dim StrId As String
```

```
Dim StrText As String
Set DB = OpenDatabase(App.Path & "\data\log.mdb")
Set RS = DB.OpenRecordset("kind")
With FrmAddress
    .TreeView1.Nodes.Clear
    Set nodx = .TreeView1.Nodes.Add(, , "通讯录", "通讯录", 16)
    Do While Not RS.EOF
        StrId = "ID" & CStr(RS!Index)
        StrText = RS!Text
Set nodx = .TreeView1.Nodes.Add("通讯录", tvwChild, StrId, StrText, 11)
        RS.MoveNext
    Loop
    .TreeView1.Nodes(1).Expanded = True '将树展开
End With
End Sub
```

Cmd2_Click()事件代码如下：

```
Private Sub Cmd2_Click()
    Unload Me
End Sub
```

（11）"任务管理"窗体及主要控件属性参照表 1-10-6 设计。

表 1-10-6　　　　　　　　　　　"任务管理"窗体及主要控件的属性

对　象	对 象 名	属 性 名	属 性 值	事 件 名
窗体	FrmTask	Caption	任务管理	Load
		Height	5790	
		Width	8190	
列表视图	Lvw1	Sorted	False	ColumnClick DblClick
		SortKey	0	
		SortOrder	0 - lvwAscend	
工具栏	Toolbar1	ImageList	ImageList1	ButtonClick

（12）打开"代码设计"窗口，输入"任务管理"窗体程序代码。

Form_Load()事件代码如下：

```
Private Sub Form_Load()
    StatusBar1.Panels(1).Width = Me.ScaleWidth
    Lvw1.View = lvwReport
    Call ShowDataInlvw
End Sub
```

ShowDataInlvw()过程代码如下：

```
Private Sub ShowDataInlvw()
    Dim clm As ColumnHeader
    Dim Itm As ListItem
    Dim DB As Database
    Dim RS As Recordset
    Set DB = OpenDatabase(App.Path & "\data\log.mdb")
    Set RS = DB.OpenRecordset("task")
    Lvw1.ListItems.Clear
    Set clm = Lvw1.ColumnHeaders.Add(, , "时间", Lvw1.Width / 4)
    Set clm = Lvw1.ColumnHeaders.Add(, , "任务内容", Lvw1.Width / 4)
    Set clm = Lvw1.ColumnHeaders.Add(, , "完成情况", Lvw1.Width / 4)
    Set clm = Lvw1.ColumnHeaders.Add(, , "每日提醒", Lvw1.Width / 4)
    Do While Not RS.EOF
```

```
            Set Itm = Lvw1.ListItems.Add(, , RS!时间)
            Itm.SubItems(1) = RS!任务内容
            Itm.SubItems(2) = RS!完成情况
            Itm.SubItems(3) = IIf(RS!每日提醒 = True, "是", "否")
            RS.MoveNext
        Loop
    StatusBar1.Panels(1).Text = "共有" & Str(RS.RecordCount) & "条任务记录"
        RS.Close
        Set RS = Nothing
        DB.Close
        Set DB = Nothing
    End Sub
```

Lvw1_ColumnClick()事件代码如下：

```
    Private Sub Lvw1_ColumnClick(ByVal ColumnHeader As MSComctlLib.ColumnHeader)
        Dim intSortKey, intRnd As Integer
        Lvw1.SortKey = ColumnHeader.Index - 1
        intSortKey = Lvw1.SortKey
        Lvw1.SortOrder = Abs(Not Lvw1.SortOrder = 1)
        Lvw1.Sorted = True
        If intSortKey > -1 Then
            intRnd = intSortKey
        End If
    End Sub
```

Lvw1_DblClick()事件代码如下：

```
    Private Sub Lvw1_DblClick()
        Flag = "property"
        FrmTask_New.Show
    End Sub
```

Toolbar1_ButtonClick()事件代码如下：

```
    Private Sub Toolbar1_ButtonClick(ByVal Button As MSComctlLib.Button)
        Select Case Button
            Case "新任务"
                Flag = "new"
                FrmTask_New.Show
            Case "删  除"
                Call Delete
            Case "属  性"
                Flag = "property"
                FrmTask_New.Show
            Case "退  出"
                Unload Me
        End Select
    End Sub
```

Delete()过程代码如下：

```
    Private Sub Delete()
        Dim DB As Database
        Dim RS As Recordset
        Dim StrTime As String
        Dim StrSql As String
        Set DB = OpenDatabase(App.Path & "\data\log.mdb")
        If Lvw1.ListItems.Count > 0 Then
            If Lvw1.SelectedItem.Text <> "" Then
                StrTime = Lvw1.SelectedItem.Text
                If MsgBox("你确定要删除时间为" & StrTime & "的任务记录吗？", vbYesNo +
vbQuestion, "删除") = vbYes Then
```

```
        StrSql = "select * from task where 时间='" & StrTime & "'"
            Set RS = DB.OpenRecordset(StrSql)
            RS.Delete

            RS.Close
            Set RS = Nothing
            DB.Close
            Set DB = Nothing
        Call ShowDataInlvw   '调用 showdatainlvw 过程，将列表中数据更新
        Else
            DB.Close
            Set DB = Nothing
            Exit Sub
        End If
    Else                            '没有选择要删除的记录时出现提示
    MsgBox "请选择要删除的记录!! ", vbOKOnly + vbInformation, "提示"
        DB.Close
        Set DB = Nothing
        Exit Sub
    End If
Else                                '列表中没有记录时则退出此过程
    DB.Close
    Set DB = Nothing
    Exit Sub
End If
End Sub
```

（13）"添加新的任务"窗体及主要控件属性参照表 1-10-7 设计。

表 1-10-7　　　　　　　　　"添加新的任务"窗体及主要控件的属性

对　象	对象名	属性名	属性值	事件名
窗体	FrmTask	Caption	添加新的任务	Load
		Height	3585	
		Width	4785	
框架	Fra1	Caption	任务内容	无
		Height	1815	
		Width	4545	
复选框	Chk1	Caption	选中则上面时间为提醒时间	无
文本框	Txt1（0—2）	Appearance	0—Flat	无
标签	Lbl1(0)	Caption	时　间	无
	Lbl1(1)	Caption	完成情况	
命令	Cmd1	Caption	确　定	Click
		Height	315	
		Width	915	
	Cmd2	Caption	关　闭	
		Height	315	
		Width	915	

（14）打开"代码设计"窗口，输入"添加新的任务"窗体程序代码。

Cmd1_Click()事件代码如下：

```
    Private Sub Cmd1_Click()
```

```
        Dim DB As Database
        Dim RS As Recordset
        Dim temp As String
        Set DB = OpenDatabase(App.Path & "\data\log.mdb")
        If Flag = "new" Then
            Set RS = DB.OpenRecordset("task")
            RS.AddNew
        Else
            temp = FrmTask.Lvw1.SelectedItem.Text
        Set RS = DB.OpenRecordset("select * from task where 时间='" & temp & "'")
            RS.Edit
        End If
        RS!时间 = Txt1(0).Text
        RS!任务内容 = Txt1(1).Text
        RS!完成情况 = Txt1(2).Text
        RS!每日提醒 = Chk1.Value
        RS.Update
        Call LvwRefresh
        Unload Me
    End Sub
```

LvwRefresh()过程代码如下：

```
    Private Sub LvwRefresh()
        Dim DB As Database
        Dim RS As Recordset
        Set DB = OpenDatabase(App.Path & "\data\log.mdb")
        Set RS = DB.OpenRecordset("Task")
        If RS.EOF = False Then
            With FrmTask
                .Lvw1.ListItems.Clear
                Do While Not RS.EOF
                    Set Itm = .Lvw1.ListItems.Add(, , RS!时间)
                    Itm.SubItems(1) = RS!任务内容
                    Itm.SubItems(2) = RS!完成情况
                    Itm.SubItems(3) = IIf(RS!每日提醒 = True, "是", "否")
                    RS.MoveNext
                Loop
        .StatusBar1.Panels(1).Text = "共有" & Str(RS.RecordCount) & "条任务记录"            End
With
        End If
        RS.Close
        Set RS = Nothing
    End Sub
```

Cmd2_Click()事件代码如下：

```
    Private Sub Cmd2_Click()
        Unload Me
    End Sub
```

Form_Load()事件代码如下：

```
    Private Sub Form_Load()
        If Flag = "new" Then      '当单击的是"新任务"时
            Txt1(0).Text = Now
            Chk1.Value = 1
        Else                      '单击的是"属性"
            With FrmTask
                Txt1(0).Text = .Lvw1.SelectedItem.Text
                Txt1(1).Text = .Lvw1.SelectedItem.SubItems(1)
```

```
        Txt1(2).Text = .Lvw1.SelectedItem.SubItems(2)
        Chk1.Value = IIf(.Lvw1.SelectedItem.SubItems(3) = "是", 1, 0)
      End With
    End If
  End Sub
```

（15）"任务提醒"窗体及主要控件属性参照表 1-10-8 设计。

表 1-10-8　　　　　　　　　　　"任务提醒"窗体及主要控件的属性

对　象	对 象 名	属 性 名	属 性 值	事 件 名
窗体	FrmTask	Caption	任务提醒	Load
		Height	3075	
		Width	4770	
框架	Fra1	Caption	任务内容	无
		Height	1815	
		Width	4545	
文本框	Txt1（0—2）	Appearance	0—Flat	无
标签	Lbl1(0)	Caption	时　间	无
	Lbl1(1)	Caption	完成情况	
时钟	Timer1	Enabled	True	Timer

（16）打开"代码设计"窗口，输入"任务提醒"窗体程序代码。

定义窗体级变量代码如下：

```
Option Explicit
Dim DB As Database
Dim RS As Recordset
```

Form_Load()事件代码如下：

```
Private Sub Form_Load()
    Set DB = OpenDatabase(App.Path & "\data\log.mdb")
End Sub
```

Form_QueryUnload()事件代码如下：

```
Private Sub Form_QueryUnload(Cancel As Integer, UnloadMode As Integer)
    If Not bQuit Then
        Cancel = 1                    '使窗体不被关闭
        Me.Visible = False
    End If
End Sub
```

Timer1_Timer()事件代码如下：

```
Private Sub Timer1_Timer()
    Dim StrSql As String
StrSql = "select * from task where 时间='" & Now & "' and 每日提醒=true"
    Set RS = DB.OpenRecordset(StrSql)
    If RS.EOF = False Then
        Me.Visible = True
        Txt1(0).Text = RS!时间
        Txt1(1).Text = RS!任务内容
        Txt1(2).Text = RS!完成情况
    End If
End Sub
```

（17）保存窗体，运行程序，结果如图 1-10-1、图 1-10-2、图 1-10-3、图 1-10-4、图 1-10-5、图 1-10-6、图 1-10-7 和图 1-10-8 所示。

第 2 篇　习 题 解 答

习题 **1**
绪论

1. 简述什么是程序。

程序是指令的集合，是用语言来描述，且能够完成指定工作的操作步骤。

2. 简述什么是算法。

算法是求解问题的计算方法。

3. 简述程序的基本结构。

Visual Basic 程序以工程组或工程为基本元素。工程或工程组又是由一个或多个对象组成的，而每一个对象必须要描述属性、事件和方法 3 个要素。其中，事件程序代码基本结构如下：

（1）变量说明；

（2）过程说明；

（3）模块；

（4）过程代码。

4. 简述 Visual Basic 集成开发环境的构成。

Visual Basic 集成开发环境主要由以下几部分构成：

（1）菜单栏；

（2）工具栏；

（3）工程资源管理器窗口；

（4）立即工作窗口；

（5）窗口设计窗口；

（6）属性工作窗口；

（7）代码工作窗口；

（8）布局工作窗口；

（9）模块工作窗口。

5. 工具栏与菜单栏的异同之处是什么？

相同点：如果选择菜单中的一个命令选项，便可以执行一个操作，或打开一个对话窗口；同样若单击工具栏中任意一个按钮也可以执行一个操作，或打开一个对话窗口。

不同点：菜单栏是系统提供的全部功能命令选项的集合，工具栏则是常用菜单命令选项的部分组合；用菜单栏中命令选项实现某一系统操作，有时需要打开多级菜单，经过多次选择才能完成，而利用工具栏中的命令按钮和图标提示控制操作，只要激活某一个工具栏，可实现某一系统操作功能。

6. 启动 Visual Basic 系统程序几种方法？

（1）从"开始"菜单，选择【程序】，再选择【Microsoft Visual Basic 6.0 中文版】。

（2）从资源管理器中启动 Visual Basic 可执行文件。

（3）从"运行"对话框中启动 Visual Basic 可执行文件。

7. 工具箱中常用的内部控件有哪些？其功能是什么？

工具箱窗口是容纳各种控件制作工具的窗口，每个控件由一个对应的图标来表示。在 Visual Basic 系统中，工具箱中的控件分为内部控件（或标准控件）和 ActiveX 控件两大类，其内部控件及功能如下。

（1）CheckBox：用于在一组选项中选择一个或多个选项。

（2）ComboBox：用于选择和输出信息。

（3）Command　Button：单击或双击命令按钮可驱动事件代码。

（4）Data：用于访问数据库中的数据。

（5）DirListBox：用于显示当前驱动器中的目录和文件夹列表。

（6）DriveListBox：用于显示驱动器列表。

（7）FileListBox：用于显示当前目录中的文件列表。

（8）Frame：容纳其他控件，并可用于控件按类分组。

（9）Image：用于显示图片文件。

（10）Label：用于显示文本。

（11）Line：用于在容器内控件中画直线。

（12）ListBox：用于显示列表信息。

（13）OLE：用于程序内增加 OLE 功能。

（14）Option Button：用于在一组单选钮中选择其中一个选项。

（15）PictureBox：用于显示图形文件和文本信息，还可容纳其他控件。

（16）Shape：用于在窗体和图片框上显示几何图形。

（17）TextBox：用于显示、接收和编辑文本信息。

（18）Timer：用于按指定的时间间隔控制某些操作。

8. 简述代码窗口的主要功能。

代码窗口主要用来显示、编辑窗体及窗体中控件的事件和方法代码。

9. 代码窗口与立即窗口有什么不同？

立即窗口是用来进行快速的表达式计算、简单方法的操作、进行程序测试的工作窗口，代码窗口是用来显示、编辑窗体及窗体中控件的事件和方法代码。

10. 如何设置 Visual Basic 系统环境？

在 Visual Basic 系统环境下，在菜单栏中选择【工具】→【选项】，通过"选项"窗口中的各种选项卡，修改或设置相关参数，从而确定 Visual Basic 的系统环境。

习题 2

程序设计基础

1. 回答下列问题。

（1）在 Visual Basic 系统中常用的标准数据类型有哪些？

常用的标准数据类型有数值型、字符型、货币型、日期型、布尔型、对象型、变体型和字节型。

（2）简述数值型数据细分为几种类型。

数值型数据细分为整形、长整型、单精度型和双精度型。

（3）简述常量和变量的区别。

常量是在程序中可直接引用的实际值，其在程序运行中不变；变量在程序运行中，其值可以改变。

（4）变量声明语句有几个？其功能有什么不同？

变量声明语句有 5 个，其功能如下。

① Dim 语句用于声明的变量是局部变量。

② Static 语句用于声明的变量是局部变量。

③ Option Explicit 语句用于强制声明变量。

④ Private 语句用于声明的变量是局部变量。

⑤ Public 语句用于声明的变量是全局变量。

（5）简述变量的作用域分类及其区别。

变量的作用域分为局部变量、窗体变量、模块变量和全局变量。

① 局部变量：在所声明的事件过程、通用过程中有效。

② 窗体变量和模块变量：一个窗体可以包含若干个事件过程和通用过程，同样一个标准模块可以包含若干通用过程。窗体变量在一个窗体模块的多个事件过程和通用过程中有效；模块变量在一个标准模块多个通用过程中有效。

（6）Option Explicit 语句的作用是什么？

在 Visual Basic 程序的开始处，若出现（系统环境可设置）或写入 Option Explict，程序中的所有变量必须进行显示说明。

（7）表达式由哪些要素组成？

表达式是由变量、常量、函数、运算符和圆括号组成的式子。

（8）标识符的命名规则有哪些？

① 由字母或汉字开头，可由字母、汉字、数字和下画线组成。

② 长度小于 256 个字符。

③ 不能使用 Visual Basic 语句的保留字。

④ 标识符不区分大小写。

⑤ 为了增加程序的可读性，可在对象名前加一个缩写的前缀来表明该变量的数据类型，第 1

个字符要大写。

（9）一个语句行超过 255 个字符如何处理？

将一个语句行分成上下两行，可用"空格"和下画线"_"组成的连接符，将语句行的上下两行连接。

（10）注释语句如何书写？

在 Visual Basic 系统中，注释语句是以单引号(')开头的语句行，或以单引号(')为后缀的语句段落。

2. 根据标识符命名规则，判断下列标识符哪些是不合法的。

（1）Y[1]　　　　　　　　　　（不合法，标识符中不应包含"["和"]"）

（2）5xD34　　　　　　　　　　（不合法，标识符开头字符不能是数字）

（3）L_er　　　　　　　　　　　（合法）

（4）M.Black　　　　　　　　　（不合法，标识符中不应包含"."）

（5）"tyu"　　　　　　　　　　（不合法，不能包含双引号）

（6）End　　　　　　　　　　　（不合法，End 是保留字）

（7）Sub　　　　　　　　　　　（不合法，Sub 是保留字）

（8）Name123　　　　　　　　　（合法）

（9）实验室　　　　　　　　　　（合法）

3. 下列常量哪些是不合法的，为什么？

（1）12.678　　　　　　　　　　（合法，数值型常量）

（2）#2006-12-01#　　　　　　　（合法，日期型常量）

（3）100%　　　　　　　　　　　（合法，数值型常量）

（4）"123"　　　　　　　　　　（不合法，""是全角字符）

（5）False　　　　　　　　　　　（合法，逻辑型常量）

（6）"2006/12/01"　　　　　　　（合法，字符型常量）

（7）01/02/2007　　　　　　　　（不合法，是一个算数表达式）

（8）"AB" + "CD"　　　　　　　（不合法，""是全角字符，且是一个字符表达式）

（9）206+12　　　　　　　　　　（不合法，是一个算数表达式）

4. 指出下列变量的类型。

（1）Dim k1 As Single　　　　　（单精度型局部变量）

（2）Public MyVar1　　　　　　　（变体型全局变量）

（3）Private a1 As Integer　　　　（整型窗体变量或模块变量）

（4）Dim a1$,T2%　　　　　　　（a1 是字符型局部变量，T2 是整型局部变量）

（5）Private a1, a2 As Integer　　（a1，a2 是整型窗体变量或模块变量）

5. 计算下列函数值。

（1）Sqr(4 + 3 * 7)　　　　　　　　　　　　　（5）

（2）Int(123.9)　　　　　　　　　　　　　　　（123）

（3）Abs(−4.6)　　　　　　　　　　　　　　　（4.6）

（4）Mid$("abcdABCD", 5, 4)　　　　　　　　（ABCD）

（5）Len("清华大学出版社")　　　　　　　　　（7）

（6）Asc(Chr(100))　　　　　　　　　　　　　（100）

（7）DateDiff("D", #3/25/2006#, #10/30/2006#)　　（219）

（8）IsNumeric("ABC")　　　　　　　　　　　　（False）

（9）Chr(78)　　　　　　　　　　　　　　　　　（N）

（10）Str(239.4)　　　　　　　　　　　　　　　（239.4）

6. 已知 Na=100，nb=56，Sa$="Visual Basic"，Da = #3/15/2004 8:15:03 PM#，Sb$="程序设计"，La=True，计算下列表达式的值。

（1）Right(Sa$, 5) + Space(5) + Left(Sb$, 2)　　　（Basic　　程序）

（2）Sb & Str(Na) & " 分"　　　　　　　　　　（程序设计 100 分）

（3）Year(Da) & Month(Da) & Day(Da)　　　　　（2004315）

（4）Na + Nb > 200 And Sqr(Na) > 10 Or la　　　（True）

（5）Len(Sa) = 12 And Not la And Na = 100　　　（False）

7. 将下列代数式写成 Visual Basic 的算术表达式。

（1）$\sin^2(\sqrt{20+a(\sqrt[4]{ab+1})})$

答：Sin(Sqr(20 + a * (a * b + 1)^(1/4)))^2

（2）$15abc+(abc^{\sqrt[3]{a+b+c}})$

答：15 * a * b * c + (a * b * c ^ ((a + b + c) * (1 / 3)))

（3）$\left|\sqrt{x^2-y^2}\right|\dfrac{\sin 45°}{\dfrac{x}{y}}$

答：Abs(Sqr(x * x − y * y)) * (Sin(45 * 3.14159 / 180) / (x / y))

（4）$\dfrac{x+y}{xy-\sqrt{1-a^2}}$

答：（x + y）/ (x * y − Sqr(1 − a^2))

（5）$9e^a\sqrt{a^5}\ln a^2$

答：9 * Exp(a^(5 / a)) * Log(a^2)

8. 将下列 Visual Basic 的算术表达式写成代数式。

（1）Sqr(Exp(7)+sin(30*3.14/180))　　　　　　$\sqrt{e^7+\sin 30°}$

（2）Log(Sqr(X*X+Y*Y))/Sqr(X^5+X^6)　　　　$\dfrac{\ln\sqrt{x^2+y^2}}{\sqrt{x^5+y^6}}$

（3）Exp(Abs(5+8))　　　　　　　　　　　　　$e^{|5+8|}$

（4）(sin（X）^2+Cos(Y)^2)/(X+Y)　　　　　　$\dfrac{\sin^2 x+\cos^2 y}{x+y}$

（5）Abs(sin(X)+cos(X))/ Sin(X)+Cos(X)　　　　$\dfrac{|\sin x+\cos x|}{\sin x}+\cos x$

习题 3
面向对象程序设计基础

1. 回答下列问题。

（1）解释对象、类、属性、事件和方法。

① 对象（Object）是现实世界中某个客观存在的事物，它可以是有形的，也可以是无形的。

② 类（Class）就是同类对象的属性和行为特征的抽象描述。

③ 属性（Attribute）是用来描述对象静态特征的数据项。

④ 事件（Event）就是每个对象可能用以识别和响应的某些行为和动作。

⑤ 方法（Method）是附属于对象的行为和动作，也可以将其理解为指示对象动作的命令。

（2）对象的 3 个要素是什么？

对象的 3 个要素是属性、事件和方法。

（3）简述对象和类的异同。

对象是现实世界中某个客观存在的事物；类是同类对象的属性和行为特征的抽象描述。

（4）简述在程序设计过程中工程资源管理器的作用。

"工程资源管理器"可以帮助用户管理多个"工程"或"工程组"，并可以在多个"工程"或"工程组"之间切换，利用"工程资源管理器"可以对工程所包含的资源进行管理。

（5）在 Visual Basic 系统中，如何创建一个工程？

方法一：启动 Visual Basic 系统直接创建工程。

方法二：在 Visual Basic 系统菜单下，选择【文件】菜单选项，创建工程。

（6）在 Visual Basic 系统中，如何更改一个工程的属性？

① 在"工程资源管理器"窗口，选择所要设置参数的工程，用鼠标右键单击工程文件。

② 在 Visual Basic 系统菜单下，依次选择【工程】→【工程属性】菜单选项。

（7）在 Visual Basic 系统中，如何使用工程组？

操作步骤如下。

① 在 Visual Basic 系统菜单下，打开工程文件。

② 在 Visual Basic 系统菜单下，依次选择【文件】→【添加工程】菜单选项，进入"添加工程"窗口。

③ 在"添加工程"窗口，若选择"新建"选项卡，可以新建一个工程，并将新工程添加到工程组文件中；若选择"现存"选项卡，可以向工程文件添加一个已有的工程。

（8）简述在 Visual Basic 系统中，保存工程的步骤。

在窗体、模块等文件已保存的情况下，在 Visual Basic 系统菜单下，依次选择【文件】→【保存工程】菜单选项，可保存工程。

（9）简述在 Visual Basic 系统中，控件与对象的关系。

Visual Basic 系统工具箱的各种控件并不是对象，而是代表了各个不同的类；程序设计者通过对类的实例化，便可得到所创建的对象。

（10）简述在 Visual Basic 系统中，如何设置对象的属性。

在"工程设计"窗口，打开"属性"窗口有以下几种方法。

① 在"工程设计"窗口，依次选择【视图】→【属性窗口】菜单选项，打开"属性"窗口。

② 在"工程设计"窗口，选中设计属性的"对象"，单击鼠标右键，打开快捷菜单，选择【属性窗口】菜单选项，打开"属性"窗口。

③ 在"工程设计"窗口，设计属性的"对象"，单击工具栏中的 🖼 按钮，打开"属性"窗口。

2. 编写程序

（1）设计一个窗体，当在窗体界面内单击鼠标时，通过标签控件显示"快乐、轻松学 Visual Basic"，当单击"退出"按钮时，结束程序运行，如图 2-3-1 所示。

图 2-3-1

操作步骤如下。

① 创建一个窗体，参照图 2-3-1 添加所需的控件。

② 打开"属性"窗口，设置窗体及控件的属性。

③ 打开"代码设计"窗口，设计窗体及控件事件代码。

Cmd1_Click()事件代码如下：

```
Private Sub Cmd1_Click()
    End
End Sub
```

④ 保存窗体，运行程序，结果如图 2-3-1 所示。

（2）设计一个窗体，打开窗体时，标签背景是黑色，前景显示"这里的世界真奇秒!"；当单击"红"按钮时，标签前景显示红色；当单击"黄"按钮时，标签前景显示黄色；当单击"退出"按钮时，结束程序运行，如图 2-3-2 所示。

操作步骤如下。

① 创建一个窗体，参照图 2-3-2 添加所需的控件。

② 打开"属性"窗口，设置窗体及控件的属性。

③ 打开"代码设计"窗口，设计窗体及控件事件代码。

图 2-3-2

Cmd1_Click()事件代码如下：

```
Private Sub cmd1_Click()
    Lbl1.ForeColor = QBColor(12)
End Sub
```

Cmd2_Click()事件代码如下：

```
Private Sub cmd2_Click()
    Lbl1.ForeColor = QBColor(14)
End Sub
```

Cmd3_Click()事件代码如下：

```
Private Sub cmd3_Click()
    Lbl1.ForeColor = QBColor(7)
End Sub
```

Cmd4_Click()事件代码如下：

```
Private Sub Cmd4_Click()
    End
End Sub
```

④ 保存窗体，运行程序，结果如图 2-3-2 所示。

习题 4
窗体及基本的内部控件

1. 回答下列问题。

（1）简述在 Visual Basic 系统中创建一个窗体的步骤。

操作步骤如下。

① 在 Visual Basic 系统环境下，依次选择【文件】→【新建工程】菜单选项，打开"新建工程"窗口。

② 在"新建工程"窗口，单击"确定"按钮，打开"工程设计"窗口。

③ 在"工程设计"窗口，首先设计窗体的属性，然后打开"工具箱"窗口给窗体添加控件，再依次设计每个控件的属性。

④ 在"工程设计"窗口，依次选择【视图】→【代码窗口】菜单选项，打开"代码窗口"窗口，设计命令按钮控件的事件代码启动 Visual Basic 系统程序。

⑤ 在 Visual Basic 系统菜单下，依次选择【文件】→【保存窗体】菜单选项，将所建的窗体保存在指定的磁盘、指定的文件夹中。

⑥ 在 Visual Basic 系统菜单下，依次选择【文件】→【保存工程】菜单选项，将所建的 Visual Basic 程序保存在指定的磁盘、指定的文件夹中。

⑦ 在 Visual Basic 系统菜单下，依次选择【运行】→【启动】菜单选项，运行 Visual Basic 程序。

（2）要对窗体 BackColor 和 Picture 属性进行设置，哪个优先？

Picture 属性优先。

（3）简述输入对话框和输出消息框的功能。

输入对话框的功能是产生一个对话框，通过对话框可以输入数据，并返回所输入的内容，函数返回值是字符类型。

输出对话框的功能是执行 MsgBox 函数，中断程序运行，屏幕弹出一个对话窗口，可通过窗口中的命令按钮控制程序的执行，函数返回只是整数。

（4）简述 MsgBox 函数和 MsgBox 过程的区别。

MsgBox 函数只是语句的一个成分，不能独立存在，但它能提供一个函数返回值，对程序控制非常有用。MsgBox 过程可独立存在，它同样可根据系统变量提供返回值，控制程序运行。

（5）标签控件与文本框控件主要的不同之处是什么？

标签控件只能输出文本信息，其内容是通过控件 Caption 属性值显示。

文本控件即可以输出文本信息，也可以输入文本信息，其内容是通过控件 Text 属性值体现的。

2. 判断下列语句、方法的对错，说明原因。

（1）a=b=10##错，赋值语句只能给一个变量或对象的一个属性赋值。

（2）c+2=3##错，赋值语句不能给表达式赋值。

（3）Frm1.Print a=Sqr(2*2)##错，Print 语句和 "=" 语句要用 ":" 隔开。

（4）A=A+1##对。

（5）No.=InputBox "请输入证书编号","学历查询系统",, 1000, 1000##错，变量 No.命名不合法。

（6）Frm1.BackColor = QBColor (10)##对。

（7）Cmd1.Show##错，命令按钮控件没有 Show 方法。

（8）Lbl1.Alignment = "居中"##错，标签的 Alignment 属性值只能是 0，1，2。

（9）Image1.Picture = LoadPicture (D:\exercise\1.bmp)##错，LoadPicture 函数的参数要用双引号括起来。

（10）Shp1.ForeColor = QBColor (12)##错，形状控件没有 ForeColor 属性。

3．编写程序。

（1）设计一个窗体，实现两个变量单元的数据交换，程序的运行结果如图 2-4-1 所示。

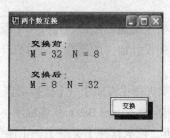

图 2-4-1　两个数互换

操作步骤如下。

① 创建一个窗体，参照图 2-4-1 添加所需的控件。

② 打开"属性"窗口，设置窗体及控件的属性，参照表 2-4-1 设计。

表 2-4-1　　　　　　　　　　　　　　　窗口及控件属性

对　象	对象名	属性名	属性值	事件名
窗体	Frm	Caption	两个数互换	Load
		Height	3330	
		Width	4485	
		BackColor	&H00FFC0C0&	
命令按钮	CmdSwap	Caption	交换	Click
		Height	495	
		Width	1095	
		Left	2880	
		Top	1920	
		Appearance	1－3D	

③ 打开"代码设计"窗口，设计窗体及控件事件代码。

CmdShow_Click()事件代码如下：

```
Private Sub CmdSwap_Click()
    Dim M As Integer, N As Integer, T As Integer
    '交换前
    M = 32
    N = 8
    Print
    Print Tab(5); "交换前："
    Print Tab(5); "M = " & M & " " & "N = " & N
    '交换
    T = M
    M = N
    N = T
    Print
    Print Tab(5); "交换后："
    Print Tab(5); "M = " & M & " " & "N = " & N
End Sub
```

④ 保存窗体，运行程序，结果如图 2-4-2 所示。

（3）设计一个窗体，利用随机函数产生 3 个
数字为指定区间的随机数字，程序的运行结果如
图 2-4-2 所示。

操作步骤如下。

① 创建一个窗体，参照图 2-4-2 添加所需的
控件。

② 打开"属性"窗口，设置窗体及控件的属
性，参照表 2-4-2 设计。

图 2-4-2　生成随机数

表 2-4-2　　　　　　　　　　　　　　　窗口及控件属性

对　　象	对象名	属性名	属性值	事件名
窗体	Frm	Caption	生成随机数	Load
		Height	3705	
		Width	4800	
		BackColor	&H00FFC0C0&	
命令按钮	CmdProduce	Caption	生成 3 个随机整数	Click
		Height	375	
		Width	3615	
		Left	3615	
		Top	2040	
文本框	TxtNumup	Font	宋体	无
		Height	375	
		Width	1215	
	TxtNumdown	Font	宋体	无
		Height	375	
		Width	1335	

续表

对　象	对象名	属性名	属性值	事件名
文本框	TxtNum1	Font	宋体	无
		Height	375	
		Width	1095	
	TxtNum2	Font	宋体	无
		Height	375	
		Width	1215	
	TxtNum3	Font	宋体	无
		Height	375	
		Width	1215	
框架控件	Fra	Caption	指定随机数的范围	无
		Height	1575	
		Width	4095	
线	Lin	BorderColor	&H00800000&	无
		X1	1560	
		X2	2400	
		Y1	720	
		Y2	720	

③ 打开"代码设计"窗口，设计窗体及控件事件代码。

定义窗体级变量如下：

```
Option Explicit
Dim X As Integer, Y As Integer
```

CmdProduce_Click()事件代码如下：

```
Private Sub CmdProduce_Click()              '确定范围
    X = Val(TxtNumup.Text)
    Y = Val(TxtNumdown.Text)
    '生成随机数
    TxtNum1.Text = Int(Rnd()* (Y - X) + X)
    TxtNum2.Text = Int(Rnd()* (Y - X) + X)
    TxtNum3.Text = Int(Rnd()* (Y - X) + X)
End Sub
```

④ 保存窗体，运行程序，结果如图 2-4-3 所示。

（3）设计一个窗体，在调节窗体的同时，窗体内控件的大小也随之改变，程序的运行结果如图 2-4-3 所示。

操作步骤如下。

① 创建一个窗体，参照图 2-4-3 添加所需的控件。

② 打开"属性"窗口，设置窗体及控件的属性，参照表 2-4-3 设计。

图 2-4-3　调节窗体

表 2-4-3　　　　　　　　　　　　　　窗口及控件属性

对　象	对象名	属性名	属性值	事件名
窗体	Frm	Caption	可调节大小窗体	Load
		Height	4560	
		Width	6000	
		BackColor	&H00FFC0C0&	

续表

对　　象	对 象 名	属 性 名	属 性 值	事 件 名
形状控件	ShpLeft	BackColor	&H80000005&	无
		BorderStyle	0 - Transparent	
		FillColor	&H000000FF&	
		FillStyle	0 - Solid	
		Shape	4 – Rounded Rec	
	ShpRed	BackColor	&H00FFFFFF&	无
		BorderStyle	0 - Transparent	
		FillColor	&H00FF0000&	
		FillStyle	7 – Diagonal Cross	
		Shape	4 – Rounded Rec	

③ 打开"代码设计"窗口，设计窗体及控件事件代码。

Form_Load()事件代码如下：

```
Private Sub Form_Load()
    Me.Width = 4000
    ShpLeft.Width = Me.ScaleWidth * 0.25
    ShpRed.Width = Me.ScaleWidth * 0.25
    ShpLeft.Height = Me.ScaleHeight * 0.25
    ShpRed.Height = Me.ScaleHeight * 0.25
    ShpLeft.Left = Me.ScaleWidth * 0.27
    ShpRed.Left = Me.ScaleWidth * 0.43
    ShpLeft.Top = Me.ScaleHeight * 0.5
    ShpRed.Top = Me.ScaleHeight * 0.7
End Sub
```

Form_Resize()事件代码如下：

```
Private Sub Form_Resize()
    ShpLeft.Width = Me.ScaleWidth * 0.25
    ShpRed.Width = Me.ScaleWidth * 0.25
    ShpLeft.Height = Me.ScaleHeight * 0.25
    ShpRed.Height = Me.ScaleHeight * 0.25
    ShpLeft.Left = Me.ScaleWidth * 0.27
    ShpRed.Left = Me.ScaleWidth * 0.43
    ShpLeft.Top = Me.ScaleHeight * 0.4
    ShpRed.Top = Me.ScaleHeight * 0.6
End Sub
```

④ 保存窗体，运行程序，结果如图 2-4-3 所示。

1. 回答下列问题。

（1）举例说明主要的分支结构语句有几种。

主要分支结构有 3 种，它们分别是：

① 单路分支结构语句，例如：

```
' i 若大于 3 输出其变量值
If i > 3 Then
    Print i
End If
```

② 双路分支结构语句，例如：

```
' i 若小于 3 直接输出其变量值，否则输出 i + 1 的变量值
If i < 3 Then
    Print i
Else
    Print i + 1
End If
```

③ 多路分支结构语句，Select Case 语句，例如：

```
' i 若等于 1 输出 1，i 若等于 2 输出 2，i 若等于 3 输出 3
Select Case i
    Case 1
        Print 1
    Case 2
        Print 2
    Case Else
        Print 3
    End Select
```

（2）举例说明主要的循环结构语句有几种。

主要的循环语句有 5 种，以下是 3 种常用的循环语句。

① For 语句，例如：

```
' 循环输出 i 的值（1 到 10）
For i = 1 To 10
    Print i
Next i
```

② While 语句，例如：

```
' 循环输出 i 的值（1 到 17）
i = 0
While i < 16
    i = i + 1
```

```
        Print i
     Wend
```

③ Do 语句，例如：

```
' 循环输出 i 的值（1 到 17）
i = 0
 Do While i < 16
     i = i + 1
     Print i
 Loop
```

（3）循环结构语句的功能可以使用什么控件"替代"？它们各有什么优点？

循环结构语句可以用"时钟"控件实现循环操作。

"时钟"控件：一是可以控制循环，二是可以指定循环操作的间隔时间。

循环结构语句：可以控制循环，还可以实现循环计算等，其结构较为明晰。

（4）在 For 语句中，如何计算循环次数？

在 For 语句中，用循环计数器<循环变量>来控制<循环体>内语句的执行次数。

（5）分支结构语句和循环结构语句在程序中的作用是什么？

分支结构语句可以解决分类、判断和选择的操作。

循环结构语句则能使某些语句或程序段重复执行若干次，如果某些语句或程序段需要在一个固定的位置上重复操作，使用循环语句是最好的选择。

2. 指出下列语句的错误。

（1）窗体中有一个命令按钮，其 Click()事件代码如下：

```
Private Sub Cmd1_Click ()
    Dim x As Integer
    x = 5
    If x >= 0 Then x ^ 2
End Sub
```

答：If $x >= 0$ Then x^2 错，x^2 不是语句。

（2）窗体中有一个命令按钮，其 Click()事件代码如下：

```
Option Explicit
Private Sub Cmd1_Click ()
    x = 5
    If x >= 0 Then x = x + 5
    Print x
End Sub
```

答：因为有 Option Explicit 语句，x 要进行说明后才可使用。

（3）窗体中有一个命令按钮，其 Click()事件代码如下：

```
Private Sub Cmd1_Click ()
    Dim k As Integer, s As Integer, i As Integer
    s = 0
    k = 0
    For i = 1 To 100
    If (i Mod 7) = 0 Then
    k = k + 1
    s = s + i
    Next i
    End If
    Print k, s
End Sub
```

答：For 和 If 嵌套结构有错。

（4）窗体中有一个命令按钮，其 Click() 事件代码如下：

```
Private Sub Cmd1_Click ()
    Dim x As Integer, y As Integer, s As Integer, i As Integer
    Dim t As Single
    i = 0
    x = 1
    y = 2
    Do While i <= 10
        s = s + y / x
        t = y
        y = x + y
        x = t
    Loop
    Print s
End Sub
```

答：x,t 类型不匹配。

（5）窗体中有一个命令按钮，其 Click() 事件代码如下：

```
Private Sub Cmd1_Click ()
    Dim i As Integer, j As Integer, k As Integer, x As Integer
    For i = 1 To 10
    For j = 1 To 10
    For k = 1 To 10
    x = x + 1
    Next j
    Next i
    Next k
End Sub
```

答：For 嵌套结构有错。

3. 在窗体上添加一个命令按钮，根据命令按钮的 Click 事件代码，写出下列语句的运行结果。

（1）Cmd1_Click() 事件代码如下：

```
Private Sub Cmd1_Click()
    Dim X As Integer
    X = InputBox("输入一个整数：")
    Print X ^ 2
End Sub
```

答：当从键盘输入 4 时，程序运行结果为 16。

（2）Cmd1_Click() 事件代码如下：

```
Private Sub Cmd1_Click()
    Dim I As Integer
    Dim K As Integer
    Print
    Print "   ";
    Do While I < 100
        I = I + 1
        If I / 3 = Int(I / 3) Then K = K + 1
    Loop
    Print K
End Sub
```

答：33。

（3）Cmd1_Click()事件代码如下：

```
Private Sub Cmd1_Click()
    Dim X As Integer, I As Integer
    X = 3
    For I = 3 To 50
        X = X + I \ 5
    Next I
    Print X
End Sub
```

答：238。

（4）Cmd1_Click()事件代码如下：

```
Private Sub Cmd1_Click()
    Dim X As Integer, Y As Integer, I As Integer
    X = 1
    Y = 2
    Do Until Y > 10000
        Print X, Y
        X = X + Y
        Y = X + Y
    Loop
    Print X
End Sub
```

答：

1	2
3	5
8	13
21	34
55	89
144	233
377	610
987	1597
2584	4181
6765	

（5）Cmd1_Click()事件代码如下：

```
Private Sub Cmd1_Click()
    Dim I As Integer, X1 As Integer, X2 As Integer, X3 As Integer
    Print
    Print "   ";
    Do
        I = I + 1
        If I Mod 1 = 0 Then X1 = X1 + 1
        If I Mod 2 = 0 Then X2 = X2 + 1
        If I Mod 3 = 0 Then X3 = X3 + 1
    Loop Until I >= 50
    Print X1, X2, X3
End Sub
```

答：50　　　25　　　16

4. 编写程序。

（1）输出任意 10 个数中最大的数。

设计一个窗体，在输入对话框中依次输入 10 个整数，程序运行结果如图 2-5-1 所示。

操作步骤如下。

① 窗体及控件属性参照图 2-5-1 设计。

② 打开"代码设计"窗口，输入程序代码。

Form_Load()事件代码如下：

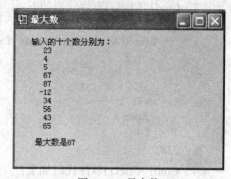

图 2-5-1　最大数

```
Private Sub Form_Load()
    Dim a As Integer
    Dim max As Integer
    Dim i As Integer
    max = -32768
    Frm.Show
    Print
    Print "    输入的十个数分别为："
        For i = 1 To 10
        a = InputBox("请输入第" & i & "个数", "输入", , 2800, 2800)
        Print "        "; a
        If a > max Then
            max = a
        End If
    Next i
    Print
    Print "    最大数是" & max
End Sub
```

③ 保存窗体，运行程序，结果如图 2-5-1 所示。

（2）输出任意 N 个数中大于零的个数，偶数的个数，奇数的个数。

设计一个窗体，输入 N 的值，再输入 N 个整数，程序运行结果如图 2-5-2 所示。

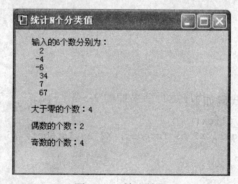

图 2-5-2　输出结果

操作步骤如下。

① 窗体及控件属性参照图 2-5-2 设计。

② 打开"代码设计"窗口，输入程序代码。

Form_Load()事件代码如下：

```
Private Sub Form_Load()
    Dim N As Integer
```

```
        Dim a As Integer
        Dim i As Integer
        Dim pos_num As Integer '大于零的个数
        Dim eve_num As Integer '偶数的个数
        Dim odd_num As Integer '奇数的个数
            '赋初始值
        pos_num = 0
        odd_num = 0
        eve_num = 0
            Frm.Show
        N = InputBox("请输入N", "输入", , 2800, 2800)
        Print
        Print "    输入的" & N & "个数分别为: "
        For i = 1 To N
            a = InputBox("请输入第" & i & "个数", "输入", , 2800, 2800)
            Print "    "; a
            '大于零
            If a > o Then
                pos_num = pos_num + 1
            End If
            '奇数, 偶数
            If a Mod 2 = 0 Then
                odd_num = odd_num + 1
            Else
                eve_num = eve_num + 1
            End If
        Next i
        Print
        Print "    大于零的个数: " & pos_num
        Print
        Print "    偶数的个数: " & eve_num
        Print
        Print "    奇数的个数: " & odd_num
    End Sub
```

③ 保存窗体, 运行程序, 结果如图 2-5-2 所示。

（3）求 S 的值。$S=1+1/（1+2）+1/（1+2+3）+1/（1+2+3+4）+\cdots+1/（1+2+3+4+\cdots+50）$

设计一个窗体, 输出 S 的值, 程序运行结果如图 2-5-3 所示。

操作步骤如下。

① 窗体及控件属性参照图 2-5-3 设计。

② 打开"代码设计"窗口, 输入程序代码。

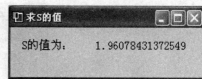

图 2-5-3　输出结果

Form_Load()事件代码如下：

```
    Private Sub Form_Load()
        Dim sum As Double
        Dim part As Integer
        Dim i As Integer
            Frm.Show
        sum = 0
        part = 0
```

```
    For i = 1 To 50
        part = part + i
        sum = sum + 1 / part
    Next
    Print
    Print "  S 的值为:     " & sum
End Sub
```

③ 保存窗体，运行程序，结果如图 2-5-3 所示。

（4）求 P 的值。$P=1+3!+5!+7!+9!$

设计一个窗体，输出 P 的值，程序运行结果如图 2-5-4 所示。

图 2-5-4　输出结果

操作步骤如下。

① 窗体及控件属性参照图 2-5-4 设计。

② 打开"代码设计"窗口，输入程序代码。

Form_Load()事件代码如下：

```
Private Sub Form_Load()
    Dim fac As Long
    Dim sum As Long
    Dim i As Integer
        Frm.Show
    fac = 1
    sum = 0
    For i = 1 To 9
        fac = fac * i
        If i Mod 2 <> 0 Then
            sum = sum + fac
        End If
    Next i
    Print
    Print "    P 的值为: " & sum
End Sub
```

③ 保存窗体，运行程序，结果如图 2-5-4 所示。

（5）输出 1 到 100 自然数中被 7 整除的数据的个数及它们的和。

设计一个窗体，输出统计结果，程序运行结果如图 2-5-5 所示。

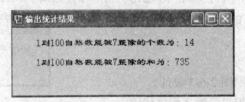

图 2-5-5　输出结果

操作步骤如下。

① 窗体及控件属性参照图 2-5-5 设计。

② 打开"代码设计"窗口，输入程序代码。

Form_Load()事件代码如下：

```
Private Sub Form_Load()
    Dim sum As Integer '能被 7 整除的和
```

```
    Dim num As Integer  '能被 7 整除的个数
    Dim i As Integer
    Frm.Show
    sum = 0
    num = 0
    For i = 1 To 100
        If i Mod 7 = 0 Then
            num = num + 1
            sum = sum + i
        End If
    Next i
    Print
    Print "    1 到 100 自然数能被 7 整除的个数为: " & num
    Print
    Print "    1 到 100 自然数能被 7 整除的和为: " & sum
End Sub
```

③ 保存窗体, 运行程序, 结果如图 2-5-5 所示。

（6）设计一个窗体, 进行数字分析, 在文本框内输入一个"数字", 当单击"分析"按钮时, 输出"数字"的位数, 并输出各个位对应的数字, 还能够逆序输出。程序运行结果如图 2-5-6 所示。

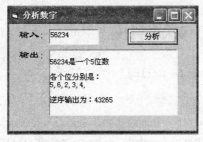

图 2-5-6　数字分析

操作步骤如下。

① 窗体及控件属性参照图 2-5-6 设计。

② 打开"代码设计"窗口, 输入程序代码。

CmdAnalyze_Click()事件代码如下:

```
Private Sub CmdAnalyze_Click()
    Dim Number As String
    Dim i As Integer
    PicOutput.Cls
    Number = TxtInput.Text
    PicOutput.Print
    PicOutput.Print Number & "是一个" & Len(Number) & "位数"
    PicOutput.Print
    PicOutput.Print "各个位分别是: ";
    PicOutput.Print
    For i = 1 To Len(Number)
        PicOutput.Print Mid(Number, i, 1) & ",";
    Next i
    PicOutput.Print
    PicOutput.Print
    PicOutput.Print "逆序输出为: ";
```

```
        For i = Len(Number) To 1 Step -1
            PicOutput.Print Mid(Number, i, 1);
        Next i
    End Sub
```

③ 保存窗体，运行程序，结果如图 2-5-6 所示。

（7）设计一个窗体，作一个精美的贺卡，其中窗体中的线条是彩色的，而且都是流动的，"生日快乐!"也是由时钟控件控制依次输出的，程序运行结果如图 2-5-7 所示。

图 2-5-7　贺卡

操作步骤如下。

① 窗体及控件属性参照图 2-5-7 设计。

② 打开"代码设计"窗口，输入程序代码。

定义窗体变量代码如下：

```
    Dim i As Integer, str As String
```

Form_Load()事件代码如下：

```
    Private Sub Form_Load()
        str = "生日快乐! "
        LblFra1.Top = -LblFra1.Height
        LblFra2.Top = Frm.Height
        LblFra3.Left = -LblFra3.Width
        LblFra4.Left = Frm.Width
    End Sub
```

Tmr1_Timer()事件代码如下：

```
    Private Sub Tmr1_Timer()
        If LblFra1.Top < 1080 Then
            LblFra1.Top = LblFra1.Top + 90
        Else
            LblFra1.Top = 1080
        End If
        If LblFra2.Top > 2760 Then
            LblFra2.Top = LblFra2.Top - 90
        Else
            LblFra2.Top = 2760
        End If
        If LblFra3.Left < 1320 Then
            LblFra3.Left = LblFra3.Left + 75
        Else
            LblFra3.Left = 1320
        End If
        If LblFra4.Left > 6000 Then
            LblFra4.Left = LblFra4.Left - 75
        Else
            LblFra4.Left = 6000
        End If
```

```
        If LblLine0.Top < Frm.Height Then
            LblLine0.Top = LblLine0.Top + 150
        Else
            LblLine0.Top = -LblLine0.Height
        End If
        If LblLine1.Top > -LblLine1.Height Then
            LblLine1.Top = LblLine1.Top - 150
        Else
            LblLine1.Top = Frm.Height
        End If
        If LblLine2.Left > -LblLine2.Width Then
            LblLine2.Left = LblLine2.Left - 150
        Else
            LblLine2.Left = Frm.Height
        End If
        If LblLine3.Left < Frm.Width Then
            LblLine3.Left = LblLine3.Left + 150
        Else
            LblLine3.Left = -LblLine3.Width
        End If
    End Sub
```

Tmr2_Timer()事件代码如下：

```
    Private Sub Tmr2_Timer()
    Static k As Integer, j As Integer
        Randomize
        Cls
        For i = 1 To 50
         Frm.ForeColor = RGB((Rnd * 255 + 1), (Rnd * 255 + 1), (Rnd * 255 + 1))
            CurrentX = Frm.Width * Rnd
            CurrentY = Frm.Height * Rnd
            Frm.Print "*"
        Next i
        If k < 6 Then
            k = k + 1
            LblTitle.Caption = Left(str, k)
            If k = 5 Then Tmr2.Enabled = False
        Else
            Tmr2.Interval = 400
            j = j + 1
            If j Mod 2 = 0 Then
                LblTitle.Visible = True
            Else
                LblTitle.Visible = False
            End If
        End If
    End Sub
```

③ 保存窗体，运行程序，结果如图 2-5-7 所示。

（8）设计一个窗体，当单击"显示"按钮时，程序运行结果如图 2-5-8 所示。

操作步骤如下。

① 窗体及控件属性参照图 2-5-8 设计。

② 打开"代码设计"窗口，输入程序代码。

CmdDisplay_Click()事件代码如下：

```
    Private Sub CmdDisplay_Click()
        m = 1
```

图 2-5-8　数字图形

```
        Print
        For i = 1 To 3
            m = m + i - 1
            Print Tab(2);
            For j = 1 To i
                Print m + j - 1;
            Next j
            Print Spc((3 - i) * 7);
            For j = 1 To i
                Print m + j + 8;
            Next j
            Print
        Next i
        For i = 2 To 1 Step -1
            m = m + i + 1
            Print Tab(2);
            For j = 1 To i
                Print m + j - 1;
            Next j
            Print Spc((3 - i) * 7);
            For j = 1 To i
                Print m + j + 8;
            Next j
            Print
        Next i
    End Sub
```

③ 保存窗体，运行程序，结果如图 2-5-8 所示。

（9）设计一个窗体，当单击窗体时，程序运行结果如图 2-5-9 所示。

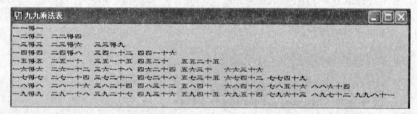

图 2-5-9　九九乘法表

操作步骤如下。

① 窗体及控件属性参照图 2-5-9 设计。

② 打开"代码设计"窗口，输入程序代码。

定义窗体级变量代码如下：

```
    Option Explicit
    Dim i As Integer, j As Integer
    Dim m As Integer
```

CmdDisplay_Click()事件代码如下：

```
    Private Sub CmdDisplay_Click()
        m = 1
        Print
        For i = 1 To 3
            m = m + i - 1
            Print Tab(2);
            For j = 1 To i
                Print m + j - 1;
            Next j
            Print Spc((3 - i) * 7);
```

```
        For j = 1 To i
            Print m + j + 8;
        Next j
        Print
    Next i
    For i = 2 To 1 Step -1
        m = m + i + 1
        Print Tab(2);
        For j = 1 To i
            Print m + j - 1;
        Next j
        Print Spc((3 - i) * 7);
        For j = 1 To i
            Print m + j + 8;
        Next j
        Print
    Next i
End Sub
```

③ 保存窗体，运行程序，结果如图 2-5-9 所示。

（10）已知有 5 位学生参加"英语、高等数学（简称高数）、马克思列宁主义（简称马列）"3 门课程的考试，成绩如表 2-5-1 所示。

表 2-5-1　　　　　　　　　　　某学期学生考试成绩

学　　号	英　　语	高　　数	马　　列
1	78	67	90
2	90	89	87
3	67	67	89
4	89	95	76
5	90	89	91

设计一个窗体，输出"英语、高数、马列"3 门课程的平均分，每位学生的平均分，当单击"成绩录入"按钮时，一边输入成绩，一边计算平均分，程序运行结果如图 2-5-10 所示。

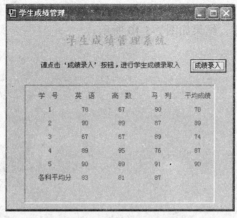

图 2-5-10　计算学生成绩

操作步骤如下。

① 窗体及控件属性参照图 2-5-10 设计。

② 打开"代码设计"窗口，输入程序代码。

```
Private Sub Form_Load()
Private Sub Form_Load()
Pic1.AutoRedraw = True
End Sub
Private Sub Cmd1_Click()
Dim score As Integer '存放成绩
Dim i As Integer
Dim j As Integer
course(1) = "英语"
course(2) = "高数"
course(3) = "马列"
output = Space(5) + "学  号" + Space(5) + "英  语" + Space(5) + "高  数" + Space(5)
+ "马  列" + Space(5) + "平均成绩" + Chr(10)
For i = 1 To 5  '输入 5 个同学的成绩
    output = output + Chr(10) + Space(8) + CStr(i)
    For j = 1 To 3  '三门课程的成绩
        score = InputBox("请输入第" + CStr(i) + "个同学的" + course(j) + "科目成绩:
", 输入成绩)  '输入成绩
        sum1(i) = sum1(i) + score '计算每个学生的总分
        sum2(j) = sum2(j) + score '计算每门课程的总分
        output = output + Space(9) + CStr(score)
    Next
    aver1(i) = sum1(i) / 3 '每个学生的平均分
    output = output + Space(10) + CStr(aver1(i)) + Chr(10)
Next
aver2(1) = sum2(1) / 5
aver2(2) = sum2(2) / 5
aver2(3) = sum2(3) / 5
output = output + Chr(10) + Space(4) + "各科平均分" + Space(4) + CStr(aver2(1)) +
Space(9) + CStr(aver2(2)) + Space(9) + CStr(aver2(3))
Pic1.Print
Pic1.Print output
End Sub
```

③ 保存窗体，运行程序，结果如图 2-5-10 所示。

习题 6
数组及应用

1. 回答下列问题。

（1）什么是数组？

数组是一组有序基本类型变量的集合。

（2）声明数组能说明哪些信息？

数组声明就是对数组名、数组元素的数据类型、数组元素的个数进行定义。

（3）Option Base 语句的作用是什么？

设置数组的缺省下标下界为 1。

（4）静态数组声明和动态数组声明的区别在哪里？

静态数组声明和动态数组声明有以下不同点。

① 静态数组的名称、数组的维数、数组的大小、数组的类型必须先定义。

② 动态数组声明是指在声明数组时未给出数组大小（省略括号中的下标），当要使用它时，随时用 ReDim 语句重新指出数组的大小。

（5）使用数组操作函数，声明数组时要注意什么？

当使用 Split 函数时，分离出的数据要赋予已声明过的一维动态数组。Array 函数只能给动态数组赋值。

2. 指出下列有关数组操作语句的错误。

（1）Dim a(n)

答：Dim 定义数组的上界不能是变量。

（2）Dim a%(13+8) As Integer

答：Dim 定义数组的上界不能是表达式。

（3）Dim a(6)
```
For I = 1 To 10
   A(i)=I
Next I
```
答：当 I 超过 6 时，a(i) 要越界。

（4）……
```
Dim A(10) As Integer
……
ReDim A
……
```
答：静态数组不能使用 ReDim。

（5）……

```
Dim A(10), I As Integer
……
A = Array(1, 2, 3, 4, 5, 6, 7, 8, 9, 10)
……
```

答：Array 函数赋值的数组一定要定义成动态数组。

3. 在窗体上添加一个命令按钮，编写如下代码，写出下列语句的运行结果。

（1）

```
Private Sub Cmd1_Click()
    Dim X(1 To 10) As Integer
    Dim I As Integer
    For I = 1 To 10
        X(I) = I * 4
    Next I
    Print
    Print "      ";
    For I = 10 To 1 Step -2
        Print X(I);
    Next I
End Sub
```

答：40 32 24 16 8

（2）

```
Private Sub Cmd1_Click()
    Dim X(1 To 10) As String
    Dim I As Integer, K As Integer
    For I = 65 To 74
        K = 75 - I
    X(K) = Chr(I + K * 2)
    Next I
    Print
    Print "   ";
    For I = 1 To 10
        Print X(I); " ";
    Next I
End Sub
```

答：L M N O P Q R S T U

（3）

```
Private Sub Cmd1_Click()
    Dim A(), B(), I As Integer
    A = Array(1, 2, 3, 4, 5, 6, 7, 8, 9, 10)
    I = UBound(A)
    ReDim B(I)
    For I = 0 To UBound(A)
        B(I) = A(I) * 2 + 2
    Next I
    Print
    For I = 0 To UBound(A)
        Print B(I); Spc(2);
    Next I
End Sub
```

答：4 6 8 10 12 14 16 18 20

（4）

```
Private Sub Cmd1_Click()
    Dim I As Integer, J As Integer, A(5, 5) As Integer
    For I = 1 To 5
        A(I, I) = 1
        A(I, 1) = 1
    Next I
    For I = 3 To 5
        For J = 2 To I - 1
            A(I, J) = A(I - 1, J - 1) + A(I - 1, J)
        Next J
    Next I
    For I = 1 To 5
        For J = 1 To I
            Print A(I, J); " ";
        Next J
        Print
    Next I
End Sub
```

答：

```
1
1  1
1  2  1
1  3  3  1
1  4  6  4  1
```

（5）

```
Private Sub Cmd1_Click()
    Dim A(1 To 4, 1 To 4) As Integer
    Dim I As Integer, J As Integer
    Dim num As Integer
    For I = 1 To 4
        Select Case I
            Case 1
                num = 17
            Case 2
                num = 0
            Case 3
                num = 13
            Case 4
                num = 4
        End Select
        For J = 1 To 4
            If I Mod 2 <> 0 Then
                A(I, J) = num - J
            Else
                A(I, J) = num + J
            End If
        Next J
    Next I
    Print
    For I = 1 To 4
        Print " ";
        For J = 1 To 4
            Print Tab(6 * J - 1); A(I, J);
```

```
        Next J
        Print
        Print
    Next I
End Sub
```

答：

16	15	14	13
1	2	3	4
12	11	10	9
5	6	7	8

4. 编写程序。

（1）设计一个窗体，输出 6 行 6 列方阵，使下三角的元素为 1，其他元素为 0。添加一个命令按钮，当单击"显示"按钮时，程序运行结果如图 2-6-1 所示。

操作步骤如下。

① 窗体及控件属性参照图 2-6-1 设计。

② 打开"代码设计"窗口，输入程序代码。

Cmd_Click()事件代码如下：

图 2-6-1　下三角为 1

```
Private Sub Cmd_Click()
    Dim i As Integer
    Dim j As Integer
    Print
    For i = 1 To 6
        Print Spc(4);
        For j = 1 To 6
            If (i >= j) Then
                Print 1; Spc(3);
            Else
                Print 0; Spc(3);
            End If
        Next j
        Print
    Next i
End Sub
```

③ 保存窗体，运行程序，结果如图 2-6-1 所示。

（2）设计一个窗体，输出 6 行 6 列方阵，使对角线上元素为 1，其他元素为 0。添加一个命令按钮，当单击"显示"按钮时，程序运行结果如图 2-6-2 所示。

操作步骤如下。

① 窗体及控件属性参照图 2-6-2 设计。

② 打开"代码设计"窗口，输入程序代码。

Cmd_Click()事件代码如下：

图 2-6-2　对角线为 1

```
Private Sub Cmd_Click()
    Dim i As Integer
    Dim j As Integer
```

```
            Print
            For i = 1 To 6
                Print Spc(5);
                For j = 1 To 6
                    If (i = j) Then
                        Print 1; Spc(3);
                    Else
                        Print 0; Spc(3);
                    End If
                Next j
                Print
            Next i
        End Sub
```

③ 保存窗体，运行程序，结果如图 2-6-2 所示。

（3）设计一个窗体，试求出任意 6 行 6 列的方阵中，每行的最大数。当单击"显示"按钮时，程序运行结果如图 2-6-3 所示。

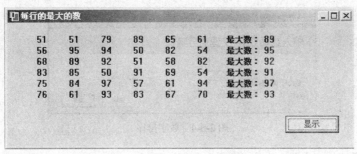

图 2-6-3　每行最大数

操作步骤如下：

① 窗体及控件属性参照图 2-6-3 设计。

② 打开"代码设计"窗口，输入程序代码。

定义窗口变量代码：

```
Option Base 1
Dim a(6, 6) As Integer
```

Form_Load()事件代码如下：

```
Private Sub Form_Load()
    Randomize
    Dim i As Integer
    Dim j As Integer

    For i = 1 To 6
        For j = 1 To 6
            a(i, j) = Int((100 - 50) * Rnd + 50)
    '随机生成 50 ~ 100 之间的正整数
        Next j
    Next i
End Sub
```

Cmd_Click()事件代码如下：

```
Private Sub Cmd_Click()
    Dim Max(6) As Integer '存放每一行的最大值
```

```
          Dim i As Integer
          Print
          For i = 1 To 6
             Max(i) = a(i, 1)
             For j = 1 To 6
                If a(i, j) > Max(i) Then '比较找出每行的最大数
                   Max(i) = a(i, j)
                End If
                Print Tab(j * 6); a(i, j);
             Next j
             Print Tab(j * 6); "最大数: "; Max(i)
          Next i
       End Sub
```

③ 保存窗体，运行程序，结果如图2-6-3所示。

（4）设计一个窗体，添加一个命令按钮，当单击"排序"按钮时，将文本框内的数字按从大到小的顺序显示出来，程序运行结果如图2-6-4所示。

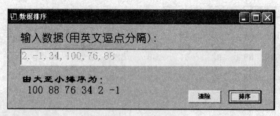

图2-6-4　数字排序

操作步骤如下。

① 窗体及控件属性参照图2-6-4设计。

② 打开"代码设计"窗口，输入程序代码。

CmdOrder_Click()事件代码如下：

```
    Private Sub CmdOrder_Click()
    Dim A() As String, I As Integer, J As Integer, T As String, Str As String
        A = Split(TxtInput.Text, ",")
            '分离字符串并赋值给数组 a
        For I = 0 To UBound(A)            '选择排序
           For J = I + 1 To UBound(A)
              If Val(A(I)) < Val(A(J)) Then
                 T = A(I)
                 A(I) = A(J)
                 A(J) = T
              End If
           Next J
        Next I
        TxtInput.Enabled = False
       LblOut.Caption = " 由大至小排序为: " + vbCr + vbLf & "   " + Join(A, " ")
    End Sub
```

CmdCls_Click()事件代码如下：

```
    Private Sub CmdCls_Click()
       TxtInput.Text = ""
       LblOut.Caption = ""
       TxtInput.Enabled = True
```

```
        TxtInput.SetFocus
    End Sub
```

③ 保存窗体，运行程序，结果如图 2-6-4 所示。

（5）设计一个窗体，输出任意的、多个数字的最大公约数，程序运行结果如图 2-6-5 所示。

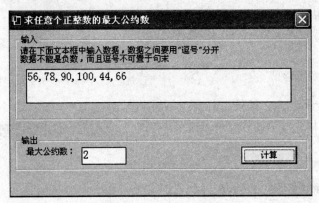

图 2-6-5　最大公约数

操作步骤如下。

① 窗体及控件属性参照图 2-6-5 设计。

② 打开"代码设计"窗口，输入程序代码。

CmdCalculate_Click()事件代码如下：

```
    Private Sub CmdCalculate_Click()
        Dim num() As String      '字符串数组，用来存求最大公约数的数据
        Dim min As Integer            '数据中最小的数
        Dim i As Integer, j As Integer
        Dim divnum As Integer         '整除的个数
        Dim maxnum As Single          '最大公约数
        divnum = 0                    '初始化
        num = Split(TxtNum.Text, ",")  '分离 text 的内容，赋予一个数组
        '看输入的数当中是否有不是正数的
        For i = 0 To UBound(num)
            If (Val(num(i)) = 0 Or Val(num(i)) < 0) Then
            MsgBox "你输入的数之中有不是正数! 请再次输入! ", 48 + 0, "提示"
                TxtNum.SetFocus
                Exit Sub
            End If
        Next i
        '求最小数
        min = num(0)
        For i = 0 To UBound(num)
            If Val(num(i)) < min Then
                min = Val(num(i))
            End If
        Next i
        '让求最大公约数据的所有数据都除以 1 到 min
    '找到从 1 到 min 中能被所有的数整除的数
        For i = 1 To min
            divnum = 0
```

```
            For j = 0 To UBound(num)
                If Val(num(j)) Mod i = 0 Then
                    divnum = divnum + 1
                End If
            Next j
            If divnum = (UBound(num) + 1) Then
                maxnum = i
            End If
        Next i
        TxtMax = maxnum
    End Sub
```

③ 保存窗体，运行程序，结果如图 2-6-5 所示。

（6）设计一个窗体，显示杨辉三角，程序运行结果如图 2-6-6 所示。

操作步骤如下。

① 窗体及控件属性参照图 2-6-6 设计。

② 打开"代码设计"窗口，输入程序代码。

CmdShow_Click()事件代码如下：

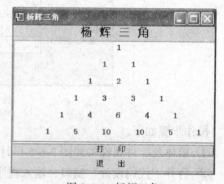

图 2-6-6　杨辉三角

```
Private Sub CmdShow_Click()
    Dim i As Integer, j As Integer
    Dim num(1 To 6, 1 To 6) As Integer
    For i = 1 To 6        '为数组中的各数赋值
        For j = 1 To i
            If j <> 1 And j <> i Then
            num(i, j) = yang(num(i - 1, j), num(i - 1, j - 1))
'调用子函数
            Else
                num(i, j) = 1
            End If
        Next j
    Next i
    For i = 1 To 6        '在窗体中打印
    Print
    Print
    Print Tab(25 - 3 * i);
        For j = 1 To i
            Print num(i, j); Spc(3);
        Next j
    Next i
End Sub
```

yang 函数代码如下：

```
    Private Function yang(x As Integer, y As Integer) As Integer
Dim sum As Integer
        sum = x + y
        yang = sum
End Function
```

CmdQuit_Click()事件代码如下：

```
Private Sub CmdQuit_Click()
    End
End Sub
```

③ 保存窗体，运行程序，结果如图 2-6-6 所示。

（7）设计一个窗体，显示商品销售情况，程序运行结果如图 2-6-7 所示。

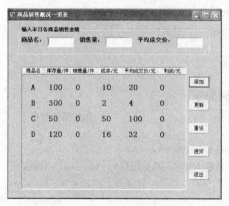

图 2-6-7　原商品销售情况

在文本框内输入当日商品销售情况，程序运行结果如图 2-6-8 所示。

首先单击"添加"按钮，将数据存入数组中，然后再单击"更新"按钮，程序运行结果如图 2-6-9 所示。

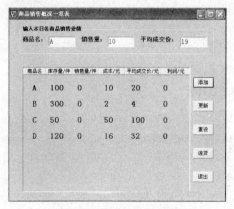

图 2-6-8　输入商品销售情况

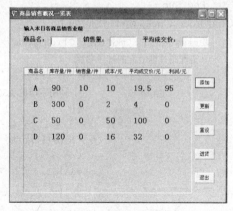

图 2-6-9　更新商品销售情况

操作步骤如下。

① 窗体及控件属性参照图 2-6-7、图 2-6-8 和图 2-6-9 设计。

② 打开"代码设计"窗口，输入程序代码。

定义窗体变量代码如下：

```
Dim a(1 To 4) As product, i As Integer, j As Integer
Dim b() As String, str As String, t As product
```

CmdAdd_Click()事件代码如下：

```
Private Sub CmdAdd_Click()              '实现进货与销售的切换
    If CmdAdd.Caption = "进货" Then
        Fra.Caption = "输入进货信息"
        LblMount.Caption = "进货量: "
        LblAver.Caption = "进货价格: "
        CmdAdd.Caption = "返回"
```

```
        Else
            Fra.Caption = "输入本日各商品销售业绩"
            LblMount.Caption = "销售量: "
            LblAver.Caption = "平均成交价: "
            CmdAdd.Caption = "进货"
        End If
        Txt(0).SetFocus
    End Sub
```

CmdInput_Click()事件代码如下：

```
    Private Sub CmdInput_Click()                '添加销售数据
        For i = 0 To 2
            If Txt(i).Text = "" Then
                MsgBox "请输入详尽的商品信息", 48 + 0, "提示"
                Exit Sub
            End If
        Next i
        For i = 0 To 2            '用字符串来记录加入的数据
            str = str & Txt(i).Text & ","
            Txt(i).Text = ""
            Txt(0).SetFocus
        Next i
    End Sub
```

CmdOrder_Click ()事件代码如下：

```
    Private Sub CmdOrder_Click(Index As Integer)
    '实现图片框上方的排序功能
        Select Case Index
        Case 0              '利用字母的ASCII 码来进行判断
            For i = 1 To 4
                For j = i + 1 To 4
                    If Asc(a(i).nam) > Asc(a(j).nam) Then
                        t = a(i)
                        a(i) = a(j)
                        a(j) = t
                    End If
                Next j
            Next i
        Case 1              '选择排序
            For i = 1 To 4
                For j = i + 1 To 4
                    If a(i).saved < a(j).saved Then
                        t = a(i)
                        a(i) = a(j)
                        a(j) = t
                    End If
                Next j
            Next i
        Case 2
            For i = 1 To 4
                For j = i + 1 To 4
                    If a(i).saled < a(j).saled Then
                        t = a(i)
                        a(i) = a(j)
```

```
                            a(j) = t
                        End If
                    Next j
                Next i
            Case 3
                For i = 1 To 4
                    For j = i + 1 To 4
                        If a(i).cost < a(j).cost Then
                            t = a(i)
                            a(i) = a(j)
                            a(j) = t
                        End If
                    Next j
                Next i
            Case 4
                For i = 1 To 4
                    For j = i + 1 To 4
                        If a(i).aver < a(j).aver Then
                            t = a(i)
                            a(i) = a(j)
                            a(j) = t
                        End If
                    Next j
                Next i
            Case 5
                For i = 1 To 4
                    For j = i + 1 To 4
                        If a(i).profit < a(j).profit Then
                            t = a(i)
                            a(i) = a(j)
                            a(j) = t
                        End If
                    Next j
                Next i
        End Select
        Pic.Cls
        Pic.Print          '输出结果
        Pic.Print
        For i = 1 To 4
        Pic.Print " "; a(i).nam; Tab(6); a(i).saved; Tab(12); a(i).saled; _
            Tab(18); a(i).cost; Tab(24); a(i).aver; Tab(31); a(i).profit
            Pic.Print
        Next i
    End Sub
```

CmdQuit_Click() 事件代码如下：

```
    Private Sub CmdQuit_Click()              '退出
        End
    End Sub
```

CmdReset_Click() 事件代码如下：

```
    Private Sub CmdReset_Click()             '恢复初始状态
        Pic.Cls
        Form_Load
        Txt(0).SetFocus
    End Sub
```

CmdTurnNew_Click()事件代码如下：

```
Private Sub CmdTurnNew_Click()          '将数据添加到图片框中
    If str = "" Then
    MsgBox "无更新数据", 48 + 0, "提示"
    Exit Sub
End If
b = Split(Left$(str, Len(str) - 1), ",")
'把字符串记载的数据传给数组
    If Fra.Caption = "输入本日各商品销售业绩" Then
'判断是进货还是销售
    For i = 0 To UBound(b) Step 3
        Select Case b(i)              '判断是何种商品的状态变化
            Case "A"
                a(1).saved = a(1).saved - b(i + 1)
                a(1).saled = a(1).saled + b(i + 1)
                a(1).aver = (a(1).aver + b(i + 2)) / 2
                a(1).profit = (a(1).aver - a(1).cost) * a(1).saled
            Case "B"
                a(2).saved = a(2).saved - b(i + 1)
                a(2).saled = a(2).saled + b(i + 1)
                a(2).aver = (a(2).aver + b(i + 2)) / 2
                a(2).profit = (a(2).aver - a(2).cost) * a(2).saled
            Case "C"
                a(3).saved = a(3).saved - b(i + 1)
                a(3).saled = a(3).saled + b(i + 1)
                a(3).aver = (a(3).aver + b(i + 2)) / 2
                a(3).profit = (a(3).aver - a(3).cost) * a(3).saled
            Case "D"
                a(4).saved = a(4).saved - b(i + 1)
                a(4).saled = a(4).saled + b(i + 1)
                a(4).aver = (a(4).aver + b(i + 2)) / 2
                a(4).profit = (a(4).aver - a(4).cost) * a(4).saled
        End Select
    Next i
Else
    For i = 0 To UBound(b) Step 3
        Select Case b(i)
            Case "A"
                a(1).saved = a(1).saved + b(i + 1)
                a(1).cost = (a(1).cost + b(i + 2)) / 2
            Case "B"
                a(2).saved = a(2).saved + b(i + 1)
                a(2).cost = (a(2).cost + b(i + 2)) / 2
            Case "C"
                a(3).saved = a(3).saved + b(i + 1)
                a(3).cost = (a(3).cost + b(i + 2)) / 2
            Case "D"
                a(4).saved = a(4).saved + b(i + 1)
                a(4).cost = (a(4).cost + b(i + 2)) / 2
        End Select
    Next i
End If
Pic.Cls
Pic.Print              '输出结果
Pic.Print
For i = 1 To 4
```

```
        Pic.Print " "; a(i).nam; Tab(6); a(i).saved; Tab(12); a(i).saled; _
        Tab(18); a(i).cost; Tab(24); a(i).aver; Tab(31); a(i).profit
        Pic.Print
    Next i
    For i = 1 To 4        '货源不足时进行提示
        If a(i).saved < 50 Then
        LblWarn.Caption = "商品" & a(i).nam & "的库存量不足，请及时补充货源"
            LblWarn.Visible = True
                Exit For
            Else
                LblWarn.Visible = False
            End If
    Next i
        str = ""
        Txt(0).SetFocus
End Sub
```

Form_Load()事件代码如下：

```
Private Sub Form_Load()          '初始化
    LblWarn.Visible = False
    a(1).nam = "A": a(1).saved = 100: a(1).cost = 10: a(1).aver = 20
    a(2).nam = "B": a(2).saved = 300: a(2).cost = 2: a(2).aver = 4
    a(3).nam = "C": a(3).saved = 50: a(3).cost = 50: a(3).aver = 100
    a(4).nam = "D": a(4).saved = 120: a(4).cost = 16: a(4).aver = 32
    For i = 1 To 4
        a(i).saled = 0: a(i).profit = 0
    Next i
    Pic.Print
    Pic.Print
    For i = 1 To 4
        Pic.Print " "; a(i).nam; Tab(6); a(i).saved; Tab(12); a(i).saled; _
        Tab(18); a(i).cost; Tab(24); a(i).aver; Tab(31); a(i).profit
        Pic.Print
    Next i
End Sub
```

③ 保存窗体，运行程序，结果如图 2-6-9 所示。

（8）设计一个窗体，在窗体上生成一个控件数组，当单击控件时，改变对应控件的颜色，达到编辑字符的效果，程序运行结果如图 2-6-10、图 2-6-11 所示。

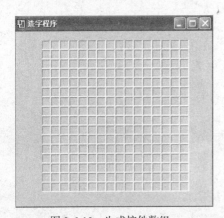

图 2-6-10　生成控件数组

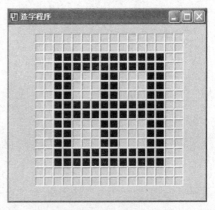

图 2-6-11　生成"田"图

操作步骤如下。

① 窗体及控件属性参照图 2-6-10 设计。

② 打开"代码设计"窗口，输入程序代码。

Form_Load()事件代码如下：

```
Private Sub Form_Load()                          '生成编辑界面
    Dim i As Integer
    Dim j As Integer
    For i = 1 To 255                             '生成控件数组
        Load lblPixel(i)
    Next i
    For i = 0 To 15        '设置各控件的位置
        For j = 0 To 15
lblPixel(i * 16 + j).Left = lblPixel(0).Left + lblPixel(0).Width * i
'设置位置
lblPixel(i * 16 + j).Top = lblPixel(0).Top + lblPixel(0).Height * j
            lblPixel(i * 16 + j).Visible = True
            pixel(i, j) = 0               '设置对应的数组元素为 0
        Next j
    Next i
End Sub
```

lblPixel_Click ()事件代码如下：

```
Private Sub lblPixel_Click(Index As Integer)                '改变颜色
    If pixel(Int(Index / 16), Index Mod 16) = 0 Then
    '若单击的控件对应的数组元素为 0 则显示
        lblPixel(Index).BackColor = &H800000
        pixel(Int(Index / 16), Index Mod 16) = 1
    Else                                              '否则恢复
        lblPixel(Index).BackColor = &HFFC0C0
        pixel(Int(Index / 16), Index Mod 16) = 0
    End If
End Sub
```

③ 保存窗体，运行程序，结果如图 2-6-10、图 2-6-11 所示。

习题 7
过程及应用

1. 回答下列问题。

（1）Private、Public 定义的 Sub 过程有什么不同？

① Private 定义的 Sub 过程为局部过程，只能在定义它的模块中的其他过程调用。

② Public 定义的 Sub 过程为共有过程，可被任意过程调用。

（2）简述形参与实参的区别。

① 形参是指在定义通用过程时，出现在 Sub 或 Function 语句中过程名后面圆括号内的参数，它是用来接收传送给调用过程的数据。

② 实参是指在调用 Sub 或 Function 过程时，写入子过程名或函数名后括号内的参数，它是将它们的数据（数值或地址）传送给 Sub 或 Function 过程与其对应的形式参数。

（3）使用 Call 和不使用 Call 调用 Sub 过程的差别是什么？

通常使用 Call 语句调用不带返回值的过程。在调用过程时不要求您必须使用 Call 语句，但使用该语句可以提高代码的可读性。

（4）按值传递参数和按地址传递参数有什么不同之处？

① 按值传递参数，形参得到的是实参的值，形参值的改变不会影响实参的值，实际上是一种单项参数传递。

② 按地址传递参数，形参得到的是实参的地址，当形参改变时，同时也改变实参的值，实际上是一种引用参数传递。实参是另一变量的别名。

（5）Function 过程与 Sub 过程有什么不同？

① Sub 过程是通过形参和实参的传递得到结果，不返回值，结果过程是一个独立的语句。

② Function 过程通过形参与实参的传递得到结果，返回一个函数值，它不是一个独立的语句，只能是语句的成分。

2. 判断下列过程定义的语句正误。

（1）Private Sub A1(x())As Integer

答：错，改为 Private Sub A1(x())。

（2）Public Sub A1

答：错，改为 Private Sub A1()。

（3）Private Sub A1(x() As Integer)

答：对。

（4）Private Function F1(a1 As Integer, b1 As Integer)

答：对，但最好明确定义函数类型。

（5）Public Function F1(a1 As Integer, b1 As Integer) As Single

答：对。

3．已知 Public Function F(x1 As Integer, x2 As Integer) As Single 和 Private Sub S(x As Integer)，判断下列调用过程语句的正误。

（1）a = S(b)　　　　　　（错）

（2）Call S b　　　　　　（错）

（3）S b　　　　　　　　（对）

（4）c= F(a, b)　　　　　　（对）

（5）F(a, b)　　　　　　（错）

4．编写程序。

（1）计算 y 的值，$y=1+\dfrac{1}{1+2}+\dfrac{1}{1+2+3}+\cdots+\dfrac{1}{1+2+3+\cdots+9+10}$。

设计一个窗体，添加一个命令按钮，当单击"显示"按钮时，程序运行结果如图 2-7-1 所示。

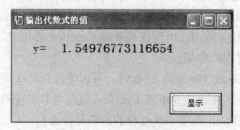

图 2-7-1　输出计算结果

操作步骤如下。

① 窗体及控件属性参照图 2-7-1 设计。

② 打开"代码设计"窗口，输入程序代码。

定义窗体级函数代码如下：

```
Private Function Sum(i As Integer) As Integer
    Dim sum2 As Integer
    Dim j As Integer
    For j = 1 To i
    sum2 = sum2 + i
    Next j
    Sum = sum2
End Function
```

Cmd1_Click()事件代码如下：

```
Private Sub Cmd1_Click()
    Dim i As Integer
    Dim sum1 As Double
    For i = 1 To 10
    sum1 = sum1 + 1 / Sum(i)
    Next i
    Print
    Print "   y= "; sum1
End Sub
```

③ 保存窗体，运行程序，结果如图 2-7-1 所示。

（2）求 P 的值 $P=A!+B!+C!$（A,B,C 是任意自然数)。

设计一个窗体，添加一个命令按钮，当单击"计算"按钮时，程序运行结果如图 2-7-2 所示。

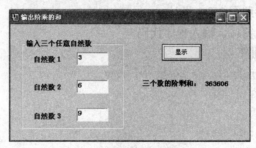

图 2-7-2　输出计算结果

操作步骤如下。

① 窗体及控件属性参照图 2-7-2 设计。

② 打开"代码设计"窗口，输入程序代码。

定义窗体级函数代码如下：

```
Private Function jie(n As Long) As Double
    Dim i As Integer
    Dim mul As Double
    mul = 1
    For i = 1 To n
    mul = mul * i
    Next
    jie = mul
End Function
```

Cmd1_Click()事件代码如下：

```
Private Sub Cmd1_Click()
    Dim num1 As Long
    Dim num2 As Long
    Dim num3 As Long
    Dim sum As Double
    num1 = Val(Txt1.Text)
    num2 = Val(Txt2.Text)
    num3 = Val(Txt3.Text)
    sum = jie(num1) + jie(num2) + jie(num3)
    Lbl4.Caption = "三个数的阶剩和：" & Str(sum)
End Sub
```

③ 保存窗体，运行程序，结果如图 2-7-2 所示。

（3）求 Y 的值，$Y=1+x+\dfrac{x^2}{2!}+\dfrac{x^3}{3!}+\cdots+\dfrac{x^n}{n!}$。

设计一个窗体，添加一个命令按钮，当单击"计算"按钮时，程序运行结果如图 2-7-3 所示。

图 2-7-3　输出计算结果

操作步骤如下。

① 窗体及控件属性参照图 2-7-3 设计。

② 打开"代码设计"窗口，输入程序代码。

定义窗体级函数代码如下：

```
Private Function fac(n As Long) As Long
    If n = 1 Then
    fac = 1
    Else
    fac = n * fac(n - 1)
    End If
End Function
```

Cmd1_Click()事件代码如下：

```
Private Sub Cmd1_Click()
    Dim x As Long
    Dim n As Long
    Dim sum As Double
    Dim i As Long
    x = InputBox("请输入 X 的值", "输入")
    n = InputBox("请输入 N 的值", "输入")
    sum = 1
    For i = 1 To n
    sum = sum + x ^ i / fac(i)
    Next i
    Print
    Print "  X= "; x
    Print "  N= "; n
    Print "  Y= "; sum
End Sub
```

③ 保存窗体，运行程序，结果如图 2-7-3 所示。

（4）在 10 个任意数中查找一个指定的数，若有将其打印出来，否则告之无此数。

设计一个窗体，添加一个命令按钮，当单击"计算"按钮时，程序运行结果如图 2-7-4 所示。

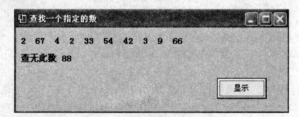

图 2-7-4　输出计算结果

操作步骤如下。

① 窗体及控件属性参照图 2-7-4 设计。

② 打开"代码设计"窗口，输入程序代码。

定义窗体级过程代码如下：

```
Private Sub inp(x As Integer, s() As Single)
    Print
    For i = 1 To x
    s(i) = InputBox("请输入 10 数,第" & CStr(i) & "个数为:", "输入")
    Print s(i);
```

```
        Next i
    End Sub
```

Cmd1_Click()事件代码如下：

```
    Private Sub Cmd1_Click()
        Dim a(10) As Single, ai As Single
        Dim i As Integer
        Dim findnum As Integer
        Call inp(10, a)
        findnum = InputBox("请输入要查找的数:", "输入")
        For i = 1 To 10
        If a(i) = findnum Then
        Print
        Print
        Print " "; a(i)
        Exit Sub
        End If
        Next i
        If i > 10 Then
        Print
        Print
        Print " 查无此数"; findnum
        End If
    End Sub
```

③ 保存窗体，运行程序，结果如图 2-7-4 所示。

（5）求 S 的值，$S = C_5^3$，试用递归方法求解。

设计一个窗体，添加一个命令按钮，当单击"计算"按钮时，程序运行结果如图 2-7-5 所示。

操作步骤如下。

①窗体及控件属性参照图 2-7-5 设计。

②打开"代码设计"窗口，输入程序代码。

定义窗体级函数代码如下：

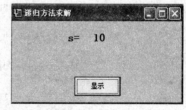

图 2-7-5　输出计算结果

```
    Private Function fac(n As Integer) As Single
        Dim p As Long
        p = 1
        For i = 1 To n
        p = p * i
        Next i
        fac = p
    End Function
```

Cmd1_Click()事件代码如下：

```
    Private Sub Cmd1_Click()
        Dim n As Integer, m As Integer
        Print
        Print Tab(10);
        Print "s= "; fac(5) / (fac(3) * fac(5 - 3))
    End Sub
```

③ 保存窗体，运行程序，结果如图 2-7-5 所示。

（6）设计一个窗体，实现数据进制的转换，程序运行结果如图 2-7-6 所示。

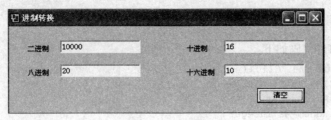

图 2-7-6 进制转换

操作步骤如下。

① 窗体及控件属性参照图 2-7-6 设计。

② 打开"代码设计"窗口，输入程序代码。

DigitTran()过程代码如下：

```
'用于不同进制符号转换的函数
Private Function DigitTran(num As String) As String
    Select Case num
        Case 0, 1, 2, 3, 4, 5, 6, 7, 8, 9
            DigitTran = num
        Case 10
            DigitTran = "A"
        Case 11
            DigitTran = "B"
        Case 12
            DigitTran = "C"
        Case 13
            DigitTran = "D"
        Case 14
            DigitTran = "E"
        Case 15
            DigitTran = "F"
        Case "A"
            DigitTran = 10
        Case "B"
            DigitTran = 11
        Case "C"
            DigitTran = 12
        Case "D"
            DigitTran = 13
        Case "E"
            DigitTran = 14
        Case "F"
            DigitTran = 15
    End Select
End Function
```

ToDec()过程代码如下：

```
'用于将任意进制转化为十进制的子过程
Private Sub ToDec(ByRef IntDigit() As String, ByRef DecDigit() As String, NumSys As Integer)
    Dim i As Integer
    '用数组第 0 号元素记录数值的十进制整数部分
    For i = 1 To UBound(IntDigit())
        IntDigit(0) = Val(IntDigit(0)) + Val(IntDigit(i)) * NumSys ^ (i - 1)
```

```
        Next i
        If DecDigit(0) = "NULL" Then Exit Sub
        '如果有小数部分，则用数组第 0 号元素记录十进制小数部分
        For i = 1 To UBound(DecDigit())
            DecDigit(0) = Val(DecDigit(0)) + Val(DecDigit(i)) * NumSys ^ (-i)
        Next i
    End Sub
```

FromDec()过程代码如下：

```
    '用于将十进制转化成任意进制的函数
    Private Sub FromDec(ByRef IntDigit() As String, ByRef DecDigit() As String, NumSys
As Integer)
        Dim temp As Double
        Dim k As Integer      '记录余数所处的位数
        temp = IntDigit(0)
        k = 0
        Do While temp > 0
            k = k + 1
            ReDim Preserve IntDigit(k)
            IntDigit(k) = temp - Int(temp / NumSys) * NumSys
            temp = Int(temp / NumSys)
        Loop
        If DecDigit(0) = "NULL" Then Exit Sub
        temp = DecDigit(0)
        k = 0
        Do While k < 8        '小数部分有循环的可能，至多保留 8 位
            k = k + 1
            ReDim Preserve DecDigit(k)
            If temp * NumSys >= 1 Then
                DecDigit(k) = temp * NumSys
    '防止取整函数使用表达式时出现由浮点运算带来的误差
                DecDigit(k) = Int(DecDigit(k))
                temp = temp * NumSys - DecDigit(k)
            Else
                DecDigit(k) = 0
                temp = temp * NumSys
            End If
        Loop
    End Sub
```

CmdTransform_Click()事件代码如下：

```
    '单击转换按钮，实现进制转换
    Private Sub CmdTransform_Click()
        Dim i As Integer, j As Integer
        Dim DigitNum As Long      '记录位数
        Dim Dot As Long          '记录小数点位置
        Dim DecDigit() As String    '记录小数部分各位数
        Dim IntDigit() As String    '记录整数部分各位数
        If CmdTransform.Caption = "转换" Then
            CmdTransform.Caption = "清空"
            For i = 0 To 3
                If TxtNo(i) <> "" Then
                    DigitNum = Len(TxtNo(i).Text)
```

```
                    Dot = InStr(TxtNo(i).Text, ".")
                        '将数值拆分成整数部分和小数部分
                    If Dot = 0 Then
                        ReDim IntDigit(0 To DigitNum)
                        ReDim DecDigit(0)
                        DecDigit(0) = "NULL"        '表明没有小数部分
                        For j = 1 To DigitNum
                IntDigit(j) = DigitTran(Mid(TxtNo(i).Text, DigitNum - j + 1, 1))
                        Next j
                    Else
                        ReDim IntDigit(0 To Dot - 1)
                        ReDim DecDigit(0 To DigitNum - Dot)
                        For j = 1 To Dot - 1
                            IntDigit(j) = DigitTran(Mid(TxtNo(i).Text, Dot - j, 1))
                        Next j
                        For j = 1 To DigitNum - Dot
                        DecDigit(j) = DigitTran(Mid(TxtNo(i).Text, Dot + j, 1))
                        Next j
                    End If
                    Call ToDec(IntDigit(), DecDigit(), TxtNo(i).Tag)
                End If
            Next i
            For i = 0 To 3
                TxtNo(i).Text = ""
                Call FromDec(IntDigit(), DecDigit(), TxtNo(i).Tag)
                For j = UBound(IntDigit()) To 1 Step -1
                    TxtNo(i).Text = TxtNo(i).Text + DigitTran(IntDigit(j))
                Next j
                If DecDigit(0) <> "NULL" Then
                    TxtNo(i).Text = TxtNo(i).Text & "."
                    '去除小数末尾的零
                    For j = UBound(DecDigit()) To 1 Step -1
                        If DecDigit(j) <> 0 Then
                            ReDim Preserve DecDigit(j)
                            Exit For
                        End If
                    Next j
                    For j = 1 To UBound(DecDigit())
                        TxtNo(i).Text=TxtNo(i).Text + DigitTran(DecDigit(j))
                    Next j
                End If
            Next i
        Else
            CmdTransform.Caption = "转换"
            For i = 0 To 3
                TxtNo(i).Text = ""
            Next i
        End If
    End Sub
```

③ 保存窗体，运行程序，结果如图 2-7-6 所示。

习题 8
文件管理

1. 回答下列问题。

（1）什么是数据文件？它们有什么特点？

数据文件是存储在外部介质上的相关信息集合，文件中的数据不会像内存变量一样，程序运行一结束，数据就要从内存中释放。

（2）顺序文件和随机文件有什么不同？

① 顺序文件以"换行"符为分隔符号，移行一条记录，每个记录可长可短；顺序文件中的记录按写入的先后顺序排列，读写文件记录或存取文件记录时，都必须按记录排列顺序逐个进行操作，若要查找或修改顺序文件中的一个记录，就必须从第1个记录开始，一次读取，直到找到要查找或修改的记录方可操作；顺序文件不能灵活地随机查找或修改记录，但顺序文件结构简单，易于操作，适用有规律、不经常修改的数据。

② 随机文件每个记录的长度必须相同，每个记录都有其唯一的记录号。随机文件数据读取是依靠记录进行操作。它可以灵活地随机查找或修改记录。

（3）简述驱动器列表框的作用。

驱动器列表框控件可用于显示当前驱动器名称，下拉对应的组合框可显示当前系统拥有的所有磁盘驱动器。

（4）简述目录列表框的作用。

目录列表框控件可用于显示当前目录中，指定文件类型的文件列表。

（5）简述文件列表框的作用。

文件列表框控件可用于显示当前目录中，指定文件类型的文件列表。

2. 编写程序。

（1）设计一个窗体，进行手动的图片浏览和自动的幻灯播放，程序运行结果如图2-8-1所示。

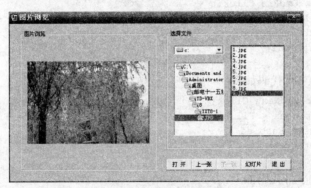

图 2-8-1　图片浏览

操作步骤如下。

① 窗体及控件属性参照图 2-8-1 设计。

② 打开"代码设计"窗口，输入程序代码。

定义窗体级变量如下：

```
Option Explicit
Dim FilePath As String, FileName As String, Param As String
Dim i As Integer, WH As Single, PicWidth As Long, PicHeight As Long
```

CmdOpen_Click()事件代码如下：

```
Private Sub CmdOpen_Click()
    On Error GoTo ERR
    Dlg.InitDir = Fil.Path
    Dlg.Filter = "所有图片文件(*.jpg, *.bmp, *.gif)| *.jpg; *.bmp; *.gif|JPEG 文件
(*.jpg)| *.jpg|BMP 文件(*.bmp)| *.bmp|GIF 文件(*.gif)| *.gif"
    Dlg.ShowOpen
    If Dlg.FileName <> "" Then
        Fil.Refresh
        FileName = Dlg.FileName
        For i = Len(FileName) To 1 Step -1
            If Mid$(FileName, i, 1) = "\" Then
                If i = 3 Then
                    FilePath = Mid$(FileName, 1, i)
                Else
                    FilePath = Mid$(FileName, 1, i - 1)
                End If
                Exit For
            End If
        Next i
        Drv.Drive = FilePath
        Dir.Path = FilePath
        Fil.Path = FilePath
        Call ShowPicture
    End If
    Call ButtonEnabled
    Cmd0.SetFocus
    Exit Sub
ERR:
    MsgBox "图片格式不正确! ", 48, "错误"
    Cmd0.SetFocus
End Sub
```

CmdPre_Click()事件代码如下：

```
Private Sub CmdPre_Click()
    If Fil.ListIndex > 0 Then Fil.ListIndex = Fil.ListIndex - 1
    Call ButtonEnabled
    Cmd0.SetFocus
End Sub
```

CmdNext_Click()事件代码如下：

```
Private Sub CmdNext_Click()
If Fil.ListIndex < Fil.ListCount - 1 Then Fil.ListIndex = Fil.ListIndex + 1
    Call ButtonEnabled
    Cmd0.SetFocus
End Sub
```

CmdSlice_Click()事件代码如下：

```
Private Sub CmdSlice_Click()
```

```
        Cmd0.SetFocus
        If Fil.ListCount <> 0 Then
            FrmMax.Show
        Else
        MsgBox "此文件夹内没有支持的图片文件, 不能使用幻灯片演示! ", 48, "错误"
        End If
    End Sub
```

CmdQuit_Click()事件代码如下:

```
    Private Sub CmdQuit_Click()
        End
    End Sub
```

Dir_Change()事件代码如下:

```
    Private Sub Dir_Change()
        Fil.Path = Dir.Path
        Img.Picture = LoadPicture()
        Call ButtonEnabled
    End Sub
```

Drv_Change()事件代码如下:

```
    Private Sub Drv_Change()
        Dir.Path = Drv.Drive
    End Sub
```

Fil_Click()事件代码如下:

```
    Private Sub Fil_Click()
        On Error GoTo ERR
        If Len(Fil.Path) = 3 Then
            FileName = Fil.Path & Fil.FileName
        Else
            FileName = Fil.Path & "\" & Fil.FileName
        End If
        Call ShowPicture
        Call ButtonEnabled
        Exit Sub
    ERR:
        MsgBox "图片格式不正确! ", 48, "错误"
        If Fil.ListIndex < Fil.ListCount - 1 Then
            Fil.ListIndex = Fil.ListIndex + 1
        Else
            Fil.ListIndex = 0
        End If
        Call ButtonEnabled
    End Sub
```

Form_Load()事件代码如下:

```
    Private Sub Form_Load()
        Param = Command
        Cmd0.Left = Me.Width
        Img.Stretch = True
        Drv.Drive = App.Path
        Dir.Path = App.Path
        Fil.Path = App.Path
        Fil.Pattern = "*.jpg; *.bmp; *.gif"
        On Error Resume Next
        If Param <> "" Then
            If Mid$(Param, 3, 1) = ":" Then
```

```
                FileName = Mid$(Param, 2, Len(Param) - 2)
            ElseIf Mid$(Param, 2, 1) = ":" Then
                FileName = Param
            End If
            Fil.Refresh
            For i = Len(FileName) To 1 Step -1
                If Mid$(FileName, i, 1) = "\" Then
                    If i = 3 Then
                        FilePath = Mid$(FileName, 1, i)
                    Else
                        FilePath = Mid$(FileName, 1, i - 1)
                    End If
                    Exit For
                End If
            Next i
            Drv.Drive = FilePath
            Dir.Path = FilePath
            Fil.Path = FilePath
            Call ShowPicture
        End If
        Call ButtonEnabled
    End Sub
```

ButtonEnabled()过程代码如下：

```
    Private Sub ButtonEnabled()
     If Fil.ListIndex < 1 Then CmdPre.Enabled = False Else CmdPre.Enabled = True
        If Fil.ListIndex > Fil.ListCount - 2 Or Fil.ListIndex < 0 Then CmdNext.Enabled
= False Else CmdNext.Enabled = True
        If Fil.ListCount = 0 Then CmdSlice.Enabled = False Else CmdSlice.Enabled = True
    End Sub
```

ShowPicture()过程代码如下：

```
    Private Sub ShowPicture()
        Img.Picture = LoadPicture()
        Img.Visible = False
        Img.Stretch = False
        Img.Picture = LoadPicture(FileName)
        PicWidth = Img.Width
        PicHeight = Img.Height
        If PicWidth <= FraPic.Width And PicHeight <= FraPic.Height Then
            Img.Left = (FraPic.Width - Img.Width) \ 2
            Img.Top = (FraPic.Height - Img.Height) \ 2
        Else
            If Img.Width / Img.Height > FraPic.Width / FraPic.Height Then
                WH = Img.Width / Img.Height
                Img.Stretch = True
                Img.Left = 0
                Img.Width = FraPic.Width
                Img.Height = Img.Width / WH
                Img.Top = (FraPic.Height - Img.Height) \ 2
            Else
                WH = Img.Width / Img.Height
                Img.Stretch = True
                Img.Top = 0
                Img.Height = FraPic.Height
                Img.Width = Img.Height * WH
                Img.Left = (FraPic.Width - Img.Width) \ 2
            End If
        End If
```

```
        Img.Visible = True
    End Sub
```

幻灯片窗口（FrmMax），打开"代码设计"窗口，输入程序代码。

定义窗体级变量代码如下：

```
Option Explicit
Dim i As Integer
Dim PicWidth As Long, PicHeight As Long, WH As Single, Cover As Boolean
```

PicCmdPre_Click()事件代码如下：

```
Private Sub PicCmdPre_Click()
    Cmd0.SetFocus
    Tmr.Enabled = False
    If Fil.ListIndex > 0 Then
        Fil.ListIndex = Fil.ListIndex - 1
    Else
        Fil.ListIndex = Fil.ListCount - 1
    End If
    Call PrintFilename
    Call ButtonChange
End Sub
```

PicCmdPre_MouseDown 事件代码如下：

```
Private Sub PicCmdPre_MouseDown(Button As Integer, Shift As Integer, X As Single,
Y As Single)
        PicCmdPre.Picture = LoadPicture(App.Path & "\Data\Last2.gif")
End Sub
```

PicCmdPre_MouseUp 事件代码如下：

```
Private Sub PicCmdPre_MouseUp(Button As Integer, Shift As Integer, X As Single,
Y As Single)
    PicCmdPre.Picture = LoadPicture(App.Path & "\Data\Last1.gif")
End Sub
```

PicCmdNext_Click()事件代码如下：

```
Private Sub PicCmdNext_Click()
    Cmd0.SetFocus
    Tmr.Enabled = False
    If Fil.ListIndex < Fil.ListCount - 1 Then
        Fil.ListIndex = Fil.ListIndex + 1
    Else
        Fil.ListIndex = 0
    End If
    Call PrintFilename
    Call ButtonChange
End Sub
```

PicCmdNext_MouseDown 事件代码如下：

```
Private Sub PicCmdNext_MouseDown(Button As Integer, Shift As Integer, X As Single,
Y As Single)
    PicCmdNext.Picture = LoadPicture(App.Path & "\Data\Next2.gif")
End Sub
```

PicCmdNext_MouseUp 事件代码如下：

```
Private Sub PicCmdNext_MouseUp(Button As Integer, Shift As Integer, X As Single,
Y As Single)
    PicCmdNext.Picture = LoadPicture(App.Path & "\Data\Next1.gif")
End Sub
```

PicCmdPlay_Click()事件代码如下：

```
Private Sub PicCmdPlay_Click()
```

```
            Cmd0.SetFocus
            If Tmr.Enabled = True Then
                Tmr.Enabled = False
            Else
                Tmr.Enabled = True
            End If
            Call ButtonChange
        End Sub
```

PicCmdPlay_MouseDown()事件代码如下：

```
        Private Sub PicCmdPlay_MouseDown(Button As Integer, Shift As Integer, X As Single,
Y As Single)
            If Tmr.Enabled = True Then
                PicCmdPlay.Picture = LoadPicture(App.Path & "\Data\Pause2.gif")
            Else
                PicCmdPlay.Picture = LoadPicture(App.Path & "\Data\Start2.gif")
            End If
        End Sub
```

PicCmdPlay_MouseUp()事件代码如下：

```
        Private Sub PicCmdPlay_MouseUp(Button As Integer, Shift As Integer, X As Single,
Y As Single)
            If Tmr.Enabled = True Then
                PicCmdPlay.Picture = LoadPicture(App.Path & "\Data\Start1.gif")
            Else
                PicCmdPlay.Picture = LoadPicture(App.Path & "\Data\Pause1.gif")
            End If
        End Sub
```

PicCmdReplay_Click()事件代码如下：

```
        Private Sub PicCmdReplay_Click()
            Cmd0.SetFocus
            Fil.ListIndex = 0
            Tmr.Enabled = False
            Tmr.Enabled = True
            Call PrintFilename
            Call ButtonChange
        End Sub
```

PicCmdReplay_MouseDown()事件代码如下：

```
        Private Sub PicCmdReplay_MouseDown(Button As Integer, Shift As Integer, X As Single,
Y As Single)
                PicCmdReplay.Picture = LoadPicture(App.Path & "\Data\Restart2.gif")
        End Sub
```

PicCmdReplay_MouseUp()事件代码如下：

```
        Private Sub PicCmdReplay_MouseUp(Button As Integer, Shift As Integer, X As Single,
Y As Single)
                PicCmdReplay.Picture = LoadPicture(App.Path & "\Data\Restart1.gif")
                PicCmdPlay.Picture = LoadPicture(App.Path & "\Data\Pause1.gif")
        End Sub
```

PicCmdQuit_Click()事件代码如下：

```
        Private Sub PicCmdQuit_Click()
            Unload Me
        End Sub
```

Fil_Click()事件代码如下：

```
        Private Sub Fil_Click()
            On Error GoTo ERR
```

```
        Img.Picture = LoadPicture()
        LblError.Visible = False
        LblLoading.Visible = True
        Img.Visible = False
        Img.Stretch = False
        If Len(Fil.Path) = 3 Then
            Img.Picture = LoadPicture(Fil.Path & Fil.FileName)
        Else
            Img.Picture = LoadPicture(Fil.Path & "\" & Fil.FileName)
        End If
        PicWidth = Img.Width
        PicHeight = Img.Height
        If PicWidth <= Me.Width And PicHeight <= Me.Height Then
            Img.Left = (Me.Width - Img.Width) \ 2
            Img.Top = (Me.Height - Img.Height) \ 2
        Else
            If Img.Width / Img.Height > Me.Width / Me.Height Then
                WH = Img.Width / Img.Height
                Img.Stretch = True
                Img.Left = 0
                Img.Width = Me.Width
                Img.Height = Img.Width / WH
                Img.Top = (Me.Height - Img.Height) \ 2
            Else
                WH = Img.Width / Img.Height
                Img.Stretch = True
                Img.Top = 0
                Img.Height = Me.Height
                Img.Width = Img.Height * WH
                Img.Left = (Me.Width - Img.Width) \ 2
            End If
        End If
        LblLoading.Visible = False
        Img.Visible = True
        Call PrintFilename
        Exit Sub
    ERR:
        LblLoading.Visible = False
        LblError.Visible = True
        Call PrintFilename
    End Sub
```

Form_Click()事件代码如下:

```
    Private Sub Form_Click()
        Call Img_Click
    End Sub
    Private Sub Form_Load()
        With Me
            .BackColor = vbBlack
            .Top = 0
            .Left = 0
            .Width = Screen.Width
            .Height = Screen.Height
        End With
        LblBack.Top = 0
        LblBack.Width = FraButtons.Width
```

```
            LblBack.Left = Me.Width - LblBack.Width
            LblBack.Height = 30
            LblFileName.Top = Me.Height - 800
            LblFileName.Left = Me.Width - 1800
            LblFileName.AutoSize = True
            LblFileName.Caption = ""
            LblFileName.Alignment = 1
            LblError.Visible = False
            LblError.Caption = "图片格式不正确！"
            LblError.Top = (Me.Height - LblError.Height) \ 2
            LblError.Left = (Me.Width - LblError.Width) \ 2
            LblLoading.Visible = False
            LblLoading.Caption = "正在打开图片，请稍候……"
            LblLoading.Top = (Me.Height - LblLoading.Height) \ 2
            LblLoading.Left = (Me.Width - LblLoading.Width) \ 2

            Cmd0.Left = Me.Width
            PicCmdPre.Picture = LoadPicture(App.Path & "\Data\Last1.gif")
            PicCmdNext.Picture = LoadPicture(App.Path & "\Data\Next1.gif")
            PicCmdPlay.Picture = LoadPicture(App.Path & "\Data\Start1.gif")
            PicCmdReplay.Picture = LoadPicture(App.Path & "\Data\Restart1.gif")
            PicCmdQuit.Picture = LoadPicture(App.Path & "\Data\Exit1.gif")
            PicCmdPre.ToolTipText = "上一张"
            PicCmdNext.ToolTipText = "下一张"
            PicCmdPlay.ToolTipText = "自动演示"
            PicCmdReplay.ToolTipText = "重新演示"
            PicCmdQuit.ToolTipText = "退出演示"
            FraButtons.Left = Me.Width - FraButtons.Width
            FraButtons.Top = 0
            FraButtons.Visible = False
            Tmr.Enabled = False
            Tmr.Interval = 2000
            With Fil
                .Visible = False
                .Path = Frm.Fil.Path
                .Pattern = "*.jpg;*.bmp;*.gif"
            End With
            If Frm.Fil.ListIndex < 0 Then
                Fil.ListIndex = 0
            Else
                Fil.ListIndex = Frm.Fil.ListIndex
            End If
        End Sub
```

Form_MouseMove ()事件代码如下：

```
    Private Sub Form_MouseMove(Button As Integer, Shift As Integer, X As Single, Y As
Single)
        FraButtons.Visible = False
    End Sub
```

Img_Click()事件代码如下：

```
    Private Sub Img_Click()
        If Fil.ListIndex < Fil.ListCount - 1 Then
            Fil.ListIndex = Fil.ListIndex + 1
        Else
```

```
                Fil.ListIndex = 0
            End If
            Call PrintFilename
        End Sub
```

Img_MouseMove ()事件代码如下：

```
        Private Sub Img_MouseMove(Button As Integer, Shift As Integer, X As Single, Y As
Single)
            FraButtons.Visible = False
            If Cover = True Then
                If X + Img.Left > LblFileName.Left And X + Img.Left < LblFileName.Left +
LblFileName.Width And Y + Img.Top > LblFileName.Top And Y + Img.Top < LblFileName.Top +
LblFileName.Height Then
                    LblFileName.Visible = True
                Else
                    LblFileName.Visible = False
                End If
            End If
        End Sub
```

LblBack_MouseMove ()事件代码如下：

```
        Private Sub LblBack_MouseMove(Button As Integer, Shift As Integer, X As Single,
Y As Single)
            FraButtons.Visible = True
        End Sub


        Private Sub LblFileName_Click()
            Call Img_Click
        End Sub
```

PicCmdQuit_MouseDown()事件代码如下：

```
        Private Sub PicCmdQuit_MouseDown(Button As Integer, Shift As Integer, X As Single,
Y As Single)
            PicCmdQuit.Picture = LoadPicture(App.Path & "\Data\Exit2.gif")
        End Sub
```

PicCmdQuit_MouseUp()事件代码如下：

```
        Private Sub PicCmdQuit_MouseUp(Button As Integer, Shift As Integer, X As Single,
Y As Single)
            PicCmdQuit.Picture = LoadPicture(App.Path & "\Data\Exit1.gif")
        End Sub
```

Tmr_Timer()事件代码如下：

```
        Private Sub Tmr_Timer()
        If Fil.ListIndex < Fil.ListCount - 1 Then
            Fil.ListIndex = Fil.ListIndex + 1
            Call PrintFilename
        Else
            Fil.ListIndex = 0
            Call PrintFilename
        End If
        End Sub
```

PrintFilename()过程代码如下：

```
        Private Sub PrintFilename()
        If Len(Fil.Path) = 3 Then
            LblFileName.Caption = Fil.Path & Fil.FileName & "    " & Fil.ListIndex + 1
& "/" & Fil.ListCount
        Else
```

```
        LblFileName.Caption = Fil.Path & "\" & Fil.FileName & "   " & Fil.ListIndex
+ 1 & "/" & Fil.ListCount
        End If
        If Img.Left + Img.Width > LblFileName.Left And Img.Top + Img.Height >
LblFileName.Top Then
            LblFileName.Visible = False
            Cover = True
        Else
            LblFileName.Visible = True
            Cover = False
        End If
    End Sub
```

ButtonChange()过程代码如下：

```
    Private Sub ButtonChange()
        If Tmr.Enabled = True Then
            PicCmdPlay.ToolTipText = "暂停演示"
        Else
            PicCmdPlay.ToolTipText = "自动演示"
        End If
    End Sub
```

③ 保存窗体，运行程序，结果如图 2-8-1 所示。

（2）设计一个窗体，对较大文件进行分割，使其方便保存、方便传输，程序运行结果如图 2-8-2 所示。

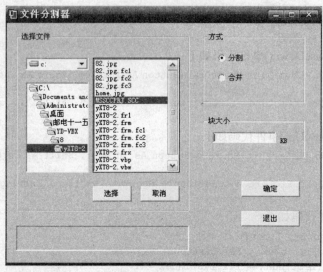

图 2-8-2　文件分割器

操作步骤如下。

① 窗体及控件属性参照图 2-8-2 设计。

② 打开"代码设计"窗口，输入程序代码。

CmdCancel_Click()事件代码如下：

```
    Private Sub CmdCancel_Click()                 '取消选择的文件
        LblPath.Caption = ""
    End Sub
```

CmdCheck_Click()事件代码如下：

```
    Private Sub CmdCheck_Click()                  '选择文件
```

```
        If FilCut.FileName <> "" Then LblPath.Caption = DirCut.Path & "\" &
FilCut.FileName
        End Sub
```

CmdExit_Click()事件代码如下：

```
    Private Sub CmdExit_Click()              '退出
        End
    End Sub
```

DrvCut_Change()事件代码如下：

```
    Private Sub DrvCut_Change()              '设置目录列表框与驱动器列表框关联
        DirCut.Path = DrvCut.Drive
    End Sub
```

DirCut_Change()事件代码如下：

```
    Private Sub DirCut_Change()              '设置文件列表框与目录列表框关联
        FilCut.Path = DirCut.Path
    End Sub
```

CmdOk_Click()事件代码如下：

```
    Private Sub CmdOk_Click()                '分割与合并
        Dim FileNum As Integer
        Dim BlockLength As Long
        Dim Pointer As Long
        Dim temp As Byte
        Dim i As Long
        FileNum = 1
        If OptCut.Value = True And LblPath.Caption <> "" And Val(TxtBlockLen.Text) >
0 Then              '分割
            Pointer = 0
            BlockLength = Val(TxtBlockLen.Text) * 1024
            Open LblPath.Caption For Binary As #1     '打开要分割的文件
            Open LblPath.Caption & ".fc" & CStr(FileNum) For Binary As #2
    '建立一个文件块
            For i = 1 To LOF(1)          '读要分割文件的数据，写到文件块中
                Get #1, , temp
                Put #2, , temp
                Pointer = Pointer + 1
                If Pointer >= BlockLength Then
        '若满了一块，则再建一文件块
                    Pointer = 0
                    FileNum = FileNum + 1
                    Close #2
                 Open LblPath.Caption & ".fc" & CStr(FileNum) For Binary As #2
                End If
            Next i
            Close #2
            Close #1
            MsgBox "分割成功!", 64 + 0, "提示"
        Else
            If OptJoin.Value = True And LblPath.Caption <> "" Then        '合并
          Open Left(LblPath.Caption, Len(LblPath.Caption) - 4) For Binary As #1
    '建立合并文件
                Do
                    Open Left(LblPath.Caption, Len(LblPath.Caption) - 1) & CStr(FileNum)
```

```
For Binary As #2    '打开文件块
                For i = 1 To LOF(2)        '读文件块的数据，写到合并文件中
                    Get #2, , temp
                    Put #1, , temp
                Next i
                Close #2
                FileNum = FileNum + 1
            '一块读完了，找下一块，若不存在，则合并完成
            Loop  While  Dir(Left(LblPath.Caption,  Len(LblPath.Caption)  -  1)  &
CStr(FileNum)) <> ""
            Close #1
            MsgBox "合并成功", 64 + 0, "提示"
        End If
    End If
End Sub
```

OptCut_Click()事件代码如下：

```
Private Sub OptCut_Click()                '选择分割
    TxtBlockLen.Enabled = True
    TxtBlockLen.SetFocus
End Sub
```

OptJoin_Click()事件代码如下：

```
Private Sub OptJoin_Click()               '选择合并
    TxtBlockLen.Enabled = False
End Sub
```

③ 保存窗体，运行程序，结果如图 2-8-2 所示。

习题 9
常用的内部控件

1. 回答下列问题。

（1）图片框与图像框的不同之处是什么？

图片框是用来在窗体上显示图像，且可用于放置其他控件的容器控件。图像框是用于在窗体显示图像的控件，它比图片框占用更小的内存。图像框对于所输出的图像尺寸变化较为灵活，因为图像框不是容器类控件，它不能保存其他控件。

（2）举例说明单选按钮和复选框在功能上的差异。

① 单选按钮用于控制多个操作只允许选择其一的操作。

② 复选框用于控制多个操作允许任意选择多个的操作。

（3）列表框与组合框的共同之处是什么？

显示一个项目列表，供用户从中选择一个或多个项目。

（4）简述滚动条的 Change 事件和 Scroll 事件的区别。

当滚动条控件滚动时 Scroll 事件一直发生，而 Change 事件只是在滚动结束之后才发生一次。

（5）框架与图片框有哪些异同？

框架和图片框都是容器类控件；图片框可以通过 Print 方法接收文本，或加载图形文件，而框架不能。

2. 编写程序。

（1）设计一个窗体，判断某个数是否是"守形数"，并把 1 到该数范围内的守形数显示出来，程序运行结果如图 2-9-1 所示。

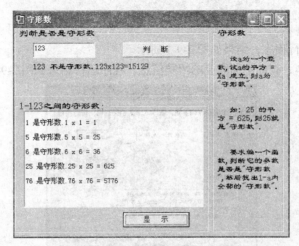

图 2-9-1　守形数

操作步骤如下。

① 窗体及控件属性参照图 2-9-1 设计。

② 打开"代码设计"窗口，输入程序代码。

定义窗体级变量如下：

```
Option Explicit
Dim Kz As Long
```

Check()过程代码如下：

```
Private Function Check(inputNum As Long) As Boolean
    Dim K As Long, L As Long
    Dim Tmp As String
    K = inputNum * inputNum
    L = Len(CStr(inputNum))
    If K Mod (10 ^ L) = inputNum Then
        Check = True
    Else
        Check = False
    End If
End Function
```

CmdCheckIt_Click()事件代码如下：

```
Private Sub CmdCheckIt_Click()
    If Check(Val(TxtInput.Text)) Then
        LblResult.Caption = TxtInput.Text & " 是守形数."
    Else
        LblResult.Caption = TxtInput.Text & " 不是守形数."
    End If
    LblResult.Caption = LblResult.Caption & TxtInput.Text & "x" & TxtInput.Text
& "=" & TxtInput.Text * TxtInput.Text
    Kz = Val(TxtInput.Text)
End Sub
```

CmdCheckAll_Click()事件代码如下：

```
Private Sub CmdCheckAll_Click()
    FraAll.Caption = "1-" & TxtInput.Text & "之间的守形数: "
    Dim I As Long
    For I = 1 To Kz
        If Check(I) Then
            LstAll.AddItem I & " 是守形数." & I & " x " & I & " = " & I * I
        End If
    Next I
End Sub
```

③ 保存窗体，运行程序，结果如图 2-9-1 所示。

（2）设计一个窗体，查询不同职业的招聘信息，程序运行结果如图 2-9-2 所示。

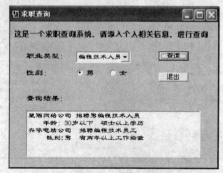

图 2-9-2　招聘信息查询

操作步骤如下。

① 窗体及控件属性参照图 2-9-2 设计。

② 打开"代码设计"窗口，输入程序代码。

Form_Load()事件代码如下：

```
Private Sub Form_Load()
    CboCareer.AddItem "编程技术人员"
    CboCareer.AddItem "网页设计人员"
    CboCareer.AddItem "美工"
End Sub
```

CmdSearch_Click()事件代码如下：

```
Private Sub CmdSearch_Click()
    '当已在组合框中选中某个工作类型时,向 list 文本中添加对应信息
    LstResult.Clear
    If CboCareer.Text = "编程技术人员" And OptMale.Value = True Then
        LstResult.AddItem "星雨网络公司 招聘男编程技术人员"
        LstResult.AddItem "    年龄: 30 岁以下  硕士以上学历"
        LstResult.AddItem "兴华电脑公司  招聘编程技术员工"
        LstResult.AddItem "    性别:男  有两年以上工作经验"
    End If
    If CboCareer.Text = "网页设计人员" And OptMale.Value = True Then
        LstResult.AddItem "星雨网络公司 招聘男网页设计人员"
        LstResult.AddItem "   年龄: 30 岁以下  硕士以上学历"
    End If
    If CboCareer.Text = "美工" And OptMale.Value = True Then
        LstResult.AddItem "对不起,暂时没有您搜索的信息"
    End If
    If CboCareer.Text = "编程技术人员" And OptFemale.Value = True Then
        LstResult.AddItem "瑞云电脑  招聘编程技术人员"
        LstResult.AddItem "    性别:女 年龄:25 岁以下"
    End If
    If CboCareer.Text = "网页设计人员" And OptFemale.Value = True Then
        LstResult.AddItem "凌志网络公司  招聘网页设计人员"
        LstResult.AddItem "    性别:女 年龄:25 岁以下"
    End If
    If CboCareer.Text = "美工" And OptFemale.Value = True Then
        LstResult.AddItem "凌志网络公司  招聘美工"
        LstResult.AddItem "    性别:女 年龄:25 岁以下 有工作经验"
        LstResult.AddItem "星雨网络公司 招聘美工"
        LstResult.AddItem "    性别:女 年龄:25 岁以下"
    End If
End Sub
```

CmdQuit_Click()事件代码如下：

```
Private Sub CmdQuit_Click()
    End
End Sub
```

③ 保存窗体，运行程序，结果如图 2-9-2 所示。

（3）设计一个窗体，让指定的符号串在图片中滚动，由滚动条控制符号串滚动速度，程序运行结果如图 2-9-3 所示。

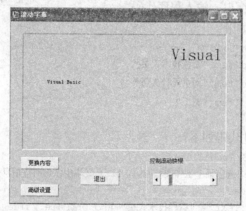

图 2-9-3　符号串滚动

操作步骤如下。

① 窗体及控件属性参照图 2-9-3 设计。

② 打开 "代码设计" 窗口，输入程序代码。

Cmd1_Click()事件代码如下：

```
Private Sub cmd1_Click()
    Unload Me
End Sub
```

Cmd2_Click()事件代码如下：

```
Private Sub Cmd2_Click()
    Lbl1.Caption = InputBox("字符串 1 的内容：")
    Lbl2.Caption = InputBox("字符串 2 的内容：")
End Sub
```

Cmd3_Click()事件代码如下：

```
Private Sub Cmd3_Click()
    optionbox.Show (vbModal)
End Sub
```

HS_Change()事件代码如下：

```
Private Sub HS_Change()
    Tmr.Interval = HS.Value
End Sub
```

Tmr_Timer()事件代码如下：

```
Private Sub Tmr_Timer()
    If Lbl1.Left < 0 Then
        Lbl1.Left = 5400
    End If
    If Lbl2.Left > 5400 Then
        Lbl2.Left = 0
    End If
    Call Lbl1.Move(Lbl1.Left - 200, Lbl1.Top)
    Call Lbl2.Move(Lbl2.Left + 200, Lbl2.Top)
End Sub
```

③ 保存窗体，运行程序，结果如图 2-9-3 所示。

习题 10
ActiveX 控件

1. 回答下列问题。

（1）什么是 ActiveX 控件？它能实现哪些功能？

ActiveX 控件是对基本内部控件的扩充，它可以支持设计工具条、目录树、选项卡等常用界面，尤其是文件管理、多媒体技术、数据库技术应用，通常都依赖 ActiveX 控件才能得以实现。

（2）在 Visual Basic 系统中，使用内部控件和 ActiveX 控件的根本区别是什么？

ActiveX 控件是对内部控件的扩充。使用 ActiveX 控件，要将 ActiveX 控件添加到工具箱，其后与内部控件使用方法一样，同样也是要设计控件的属性、事件和方法，但是 ActiveX 控件除了要在"属性"窗口定义相关属性外，还要通过 ActiveX 控件"属性页"窗口定义其特有的属性。

（3）简述将 ActiveX 控件添加到工具箱的操作步骤。

操作步骤如下。

① 在 Visual Basic 系统菜单下，依次选择【工程】→【部件】菜单选项，打开"部件"窗口。

② 在"部件"窗口，选择要添加的 Active 控件，单击"确定"按钮，被选择中的 Active 控件就会装载到工具箱中。

（4）进度条与滑块有什么区别？

① 进度条控件是在进度栏中显示适当数目的矩形来指示"工作"进程，进程完成后，进程栏添满矩形。

② 滑块控件是在进度条中显示适当数目的刻度来指示"工作"进程，或通过人工移动滑块控制进程，滑块移动到刻度条最后，标志进程完成。

（5）设计窗体时使用选项卡控件有什么好处？

选项卡控件可用于设置包含多个选项卡的窗体界面，便于文件管理和操作。

（6）图片修剪控件与图片框控件有什么异同？

图片修剪控件实现设置允许选择图像的区域，可对选定区域的图像进行操作，而图片框控件只是装载图片的容器。

（7）TreeView 控件有什么用途？

TreeView 控件用于创建具有节点层次风格的程序界面。

（8）ListView 控件有什么用途？

ListView 控件用来显示一列或多列项目列表。

（9）简述 TreeView 控件和 ListView 控件的常用方法。

ListView 控件的常用方法：

① ColumnHeader 对象的 Add 方法，为 ListItem 对象多个关联项目添加到标头。

② ListItem 对象的 Add 方法，添加 ListView 控件中的子项目。

③ ListItem 对象的 Remove 方法，删除 ListView 控件中的子项目。

TreeView 控件的常用方法：

① Add 方法，在任意单击的 Node 对象下建立一个分节点。

② Remove 方法，删除单击的 Node 对象分节点。

② SelectedItem 方法，取得单击的 Node 对象的索引号。

（10）WinSock 控件有什么用途？

WinSock 控件用于创建基于 Tcp 或 UDP 网络应用程序的组件。

2．编写程序。

（1）设计一个窗体，利用列表视图、"树"视图进行数据浏览（查看不同班级的课程表），程序运行结果如图 2-10-1 所示。

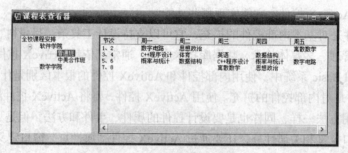

图 2-10-1　课程表查看器

操作步骤如下。

① 窗体及控件属性参照图 2-10-1 设计。

② 打开"代码设计"窗口，输入程序代码。

Form_Load()事件代码如下：

```
Private Sub Form_Load()
    '设定 TreeVieww 的显示
    Set nodex = TVwCourse.Nodes.Add(, , "全校课程安排", "全校课程安排")
    Set nodex = TVwCourse.Nodes.Add("全校课程安排", tvwChild,
"软件学院", "软件学院")
    Set nodex = TVwCourse.Nodes.Add("全校课程安排", tvwChild,
"数学学院", "数学学院")
    Set nodex = TVwCourse.Nodes.Add("软件学院", tvwChild,
"普通班", "普通班")
    Set nodex = TVwCourse.Nodes.Add("软件学院", tvwChild,
"中美合作班", "中美合作班")
    TVwCourse.Nodes(1).Expanded = True
    '设定 ListView 的基本显示
    Dim items As ListItems
    LVwCourse.View = lvwReport
    LVwCourse.ColumnHeaders.Add 1, "", "节次", 1200
    LVwCourse.ColumnHeaders.Add 2, "", "周一", 1200
    LVwCourse.ColumnHeaders.Add 3, "", "周二", 1200
    LVwCourse.ColumnHeaders.Add 4, "", "周三", 1200
    LVwCourse.ColumnHeaders.Add 5, "", "周四", 1200
```

```
    LVwCourse.ColumnHeaders.Add 6, "", "周五", 1200
End Sub
```

TVwCourse_NodeClick（ ）事件代码如下：

```
Private Sub TVwCourse_NodeClick(ByVal Node As MSComctlLib.Node)
    LVwCourse.ListItems.Clear
    Select Case TVwCourse.SelectedItem.Index
        Case 3
            Set items = LVwCourse.ListItems.Add(, , "1、2")
                items.SubItems(1) = "计算机基础"
                items.SubItems(2) = "代数与几何"
                items.SubItems(3) = "英语"
                items.SubItems(4) = "数学分析"
                items.SubItems(5) = "英语"
            Set items = LVwCourse.ListItems.Add(, , "3、4")
                items.SubItems(1) = "代数与几何"
                items.SubItems(2) = "数学分析"
                items.SubItems(3) = "计算机基础"
            Set items = LVwCourse.ListItems.Add(, , "5、6")
                items.SubItems(2) = "体育"
                items.SubItems(5) = "数学分析"
            Set items = LVwCourse.ListItems.Add(, , "7、8")
                items.SubItems(1) = "写作"
                items.SubItems(5) = "日语"
        Case 4
            Set items = LVwCourse.ListItems.Add(, , "1、2")
                items.SubItems(1) = "数字电路"
                items.SubItems(2) = "思想政治"
                items.SubItems(5) = "离散数学"
            Set items = LVwCourse.ListItems.Add(, , "3、4")
                items.SubItems(1) = "C++程序设计"
                items.SubItems(2) = "体育"
                items.SubItems(3) = "英语"
                items.SubItems(4) = "数据结构"
            Set items = LVwCourse.ListItems.Add(, , "5、6")
                items.SubItems(1) = "概率与统计"
                items.SubItems(2) = "数据结构"
                items.SubItems(3) = "C++程序设计"
                items.SubItems(4) = "概率与统计"
                items.SubItems(5) = "数字电路"
            Set items = LVwCourse.ListItems.Add(, , "7、8")
                items.SubItems(3) = "离散数学"
                items.SubItems(4) = "思想政治"
        Case 5
            Set items = LVwCourse.ListItems.Add(, , "1、2")
                items.SubItems(3) = "Artificial Intelligence"
            Set items = LVwCourse.ListItems.Add(, , "3、4")
```

```
                items.SubItems(1) = "Artificial Intelligence"
                items.SubItems(2) = "Animation Design"
                items.SubItems(3) = "Multimedia Technology"
                items.SubItems(5) = "Multimedia Technology"
            Set items = LVwCourse.ListItems.Add(, , "5、6")
                items.SubItems(1) = "Data Mining"
                items.SubItems(3) = "Data Mining"
                items.SubItems(4) = "Animation Design"
            Set items = LVwCourse.ListItems.Add(, , "7、8")
                items.SubItems(4) = "Artificial Intelligence"
        End Select
    End Sub
```

③ 保存窗体，运行程序，结果如图 2-10-1 所示。

（2）设计一个窗体，利用列表视图、"树"视图和选项卡进行数据浏览（阅览 VB 控件知识库），程序运行结果如图 2-10-2 所示。

操作步骤如下。

① 窗体及控件属性参照图 2-10-2 设计。

② 打开"代码设计"窗口，输入程序代码。

主窗体：

定义窗体级变量代码如下：

```
Option Explicit
Private ClassName(2) As String
```

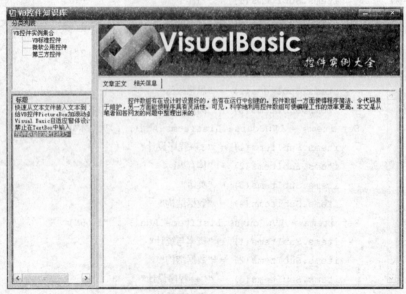

图 2-10-2　数据浏览

Form_Load()事件代码如下：

```
    Private Sub Form_Load()
        Dim NodeX As Node
    Set NodeX = TreView.Nodes.Add(, , "_root", "VB 控件实例集合")
     Set NodeX = TreView.Nodes.Add("_root", tvwChild, "_Standard", "VB 标准控件")
NodeX.EnsureVisible
        Set NodeX = TreView.Nodes.Add("_root", tvwChild, "_Common", "微软公用控件")
```

```
NodeX.EnsureVisible
        Set NodeX = TreView.Nodes.Add("_root", tvwChild, "_ThirdPart", "第三方控件")
NodeX.EnsureVisible
        Call LstView.ColumnHeaders.Add(1, "_Title", "标题", 3000)
        ClassName(0) = "Std"
        ClassName(1) = "Com"
        ClassName(2) = "3P"
    End Sub
```

LstView_ItemClick（ ）事件代码如下：

```
    Private Sub LstView_ItemClick(ByVal Item As MSComctlLib.ListItem)
    Call LoadFile(TxtMain, ClassName(TreView.SelectedItem.Index - 2), Item.Text)
    Call LoadFile(TxtEx, ClassName(TreView.SelectedItem.Index - 2), Item.Text & "Ex")
    End Sub
```

TreView_Click()事件代码如下：

```
    Private Sub TreView_Click()
      Dim idx As Integer
      idx = TreView.SelectedItem.Index
      If idx > 1 Then
          Call LoadList(LstView, ClassName(idx - 2))
      End If
    End Sub
```

LoadList()标准模块过程代码如下：

```
      Public Sub LoadList(DstList As ListView, Class As String)
      Dim ReadLn As String
      Dim ItemX As ListItem
      DstList.ListItems.Clear
      Open App.Path & "\Data\" & Class & "\conf.ini" For Input As #1
      While Not EOF(1)
          Input #1, ReadLn
          Set ItemX = DstList.ListItems.Add(, , ReadLn)
      Wend
      Close #1
    End Sub
```

LoadFile()标准模块过程代码如下：

```
    Public Sub LoadFile(DstTxt As TextBox, Class As String, Title As String)
        Dim ReadLn As String
        Dim ItemX As ListItem
        Dim Stream As TextStream
        Dim fso As New FileSystemObject
        If Dir(App.Path & "\Data\" & Class & "\" & Title & ".txt") = "" Then
            DstTxt.Text = "[ 无内容 ]"
        Else
            Set Stream = fso.OpenTextFile(App.Path & "\Data\" & Class & "\" & Title &
".txt")
            DstTxt.Text = Stream.ReadAll
        End If
    End Sub
```

③ 保存窗体，运行程序，结果如图 2-10-2 所示。

习题 11

绘图语句及应用

1. 回答下列问题。

（1）ScaleWidth、ScaleHeight 属性与窗体的 Width、Height 属性有什么差异？

Width、Height 为窗体外围的宽和高，单位是缇；ScaleWidth、ScaleHeight 为窗体内部的宽和高，两者差了窗体的边框，单位由 ScaleMode 决定。把窗体 BorderStyle 设为 0,就会发现两者相等了。

（2）使用图形控件和使用绘图方法绘图各有什么特点？

图形控件通常用于已有的图形文件的输出，若作于绘图，也是以画笔的形式手式绘制，而使用绘图方法绘图所用的"工具"是系统提供的"点"、"线"和"圆"，由这些元素加上相应的算法，可绘制手式难以绘制的图形。

（3）哪些属性可以确定绘制的图形在容器内的位置？

CurrentX、CurrentY 用来设置在容器内绘图时的当前横坐标、纵坐标。

（4）举例说明 AutoRedraw 属性的功能。

AutoRedraw 属性用于设置和返回对象或控件是否自动重绘，其值为 True 时，使 Form 对象或 PictureBox 控件的自动重回有效，否则对象不接受重绘事件。

（5）Line 方法能够在容器内画出哪些图形？

Line 方法能够在容器内画出直线、矩形、圆和任意曲线。

2. 编写程序。

（1）设计一个窗体，用画点的方法，绘制"阿基米德螺线"图形，程序运行结果如图 2-11-1 所示。

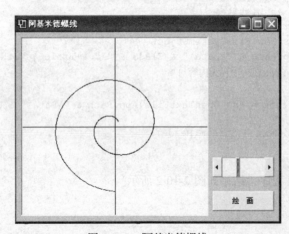

图 2-11-1　阿基米德螺线

操作步骤如下。

① 窗体及控件属性参照图 2-11-1 设计。

② 打开"代码设计"窗口，输入程序代码。

```
Option Explicit
```

CmdDraw_Click()事件代码如下：

```
Private Sub CmdDraw_Click()
    Dim x As Double, y As Double
    Dim i As Single
    PicDraw.Scale (-15, 15)-(15, -15)
    PicDraw.Line (0, 15)-(0, -15)
    PicDraw.Line (15, 0)-(-15, 0)
    For i = 1 To 16 Step 0.01
        y = i * Sin(i)
        x = i * Cos(i)
        PicDraw.PSet (x, y)
    Next i
End Sub
```

HsbChange_Change()事件代码如下：

```
Private Sub HsbChange_Change()
    PicDraw.Cls
    Dim x As Double, y As Double
    Dim i As Single
    PicDraw.Scale (-15, 15)-(15, -15)
    PicDraw.Line (0, 15)-(0, -15)
    PicDraw.Line (15, 0)-(-15, 0)
    For i = 1 To HsbChange.Value Step 0.01
        y = i * Sin(i)
        x = i * Cos(i)
        PicDraw.PSet (x, y)
    Next i
End Sub
```

③ 保存窗体，运行程序，结果如图 2-11-1 所示。

（2）设计一个窗体，用画线的方法，绘制"金刚石"图形，程序运行结果如图 2-11-2 所示。

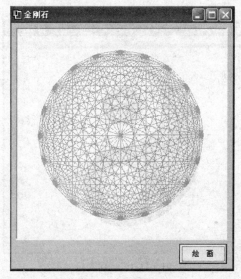

图 2-11-2　金刚石

操作步骤如下。

① 窗体及控件属性参照图 2-11-2 设计。

② 打开"代码设计"窗口，输入程序代码。

定义窗口级变量代码如下：

```
Option Explicit
Const Pi As Double = 3.1415925
```

Form_Load()事件代码如下：

```
Private Sub Form_Load()
    Randomize
End Sub
```

CmdShow_Click()事件代码如下：

```
Private Sub CmdShow_Click()
    PicShow.ForeColor = RGB(Rnd * 255, Rnd * 255, Rnd * 255)
    PicShow.Cls
Dim n, xO, yO, r As Integer
    n = 20
    xO = PicShow.Width / 2
    yO = PicShow.Height / 2
    r = yO * 0.8
Dim px(), py() As Double
ReDim px(n), py(n)
Dim i, j As Integer
    For i = 1 To n
        px(i) = yO + r * Cos(i * 2 * Pi / n)
        py(i) = yO + r * Sin(i * 2 * Pi / n)
            For j = 1 To i - 1
                PicShow.Line (px(i), py(i))-(px(j), py(j))
            Next j
    Next i
End Sub
```

③ 保存窗体，运行程序，结果如图 2-11-2 所示。

（3）设计一个窗体，用画圆的方法，绘制"旋转太极"图形，程序运行结果如图 2-11-3 所示。

图 2-11-3　旋转太极

操作步骤如下。

① 窗体及控件属性参照图 2-11-3 设计。

② 打开"代码设计"窗口，输入程序代码。

定义窗口级变量代码如下：

```
Dim IndexX As Integer, IndexY As Integer
Dim Index1X As Single, Index1Y As Single
Dim Index2X As Single, Index2Y As Single
Dim Alpha1 As Single, Alpha2 As Single
Dim Beta1 As Single, Beta2 As Single
Const R = 2000
Const pi = 3.1415926
Dim t As Single
```

Form_Load()事件代码如下：

```
Private Sub Form_Load()
    t = pi / 2
End Sub
```

Tmr_Timer()事件代码如下：

```
Private Sub Tmr_Timer()
    PicShow.Cls
    PicShow.FillStyle = 0
    t = t + 0.03
    If t > 2 * pi Then t = t - 2 * pi
    Alpha1 = t
    Alpha2 = Alpha1 + pi
    If Alpha2 > 2 * pi Then Alpha2 = Alpha2 - 2 * pi
    Beta1 = t + pi
    If Beta1 > 2 * pi Then Beta1 = Beta1 - 2 * pi
    Beta2 = Beta1 + pi
    If Beta2 > 2 * pi Then Beta2 = Beta2 - 2 * pi
    IndexX = PicShow.Width / 2
    IndexY = PicShow.Height / 2
    Index1X = IndexX + (R / 2) * Cos(t)
    Index1Y = IndexY - (R / 2) * Sin(t)
    Index2X = IndexX - (R / 2) * Cos(t)
    Index2Y = IndexY + (R / 2) * Sin(t)
    PicShow.FillColor = vbBlack
    PicShow.Circle (IndexX, IndexY), R, vbBlack, -Alpha1, -Alpha2
    PicShow.FillColor = vbWhite
    PicShow.Circle (IndexX, IndexY), R, vbWhite, -Beta1, -Beta2
    PicShow.FillColor = vbWhite
    PicShow.Circle (Index1X, Index1Y), R / 2, vbWhite, -Alpha1, -Alpha2
    PicShow.FillColor = vbBlack
    PicShow.Circle (Index2X, Index2Y), R / 2, vbBlack, -Beta1, -Beta2
    PicShow.FillColor = vbBlack
    PicShow.Circle (Index1X, Index1Y), R / 4, vbBlack
    PicShow.FillColor = vbWhite
    PicShow.Circle (Index2X, Index2Y), R / 4, vbWhite
End Sub
```

③ 保存窗体，运行程序，结果如图 2-11-3 所示。

（4）设计一个窗体，用画圆和画线的方法，绘制"雪花"图形，程序运行结果如图 2-11-4 所示。

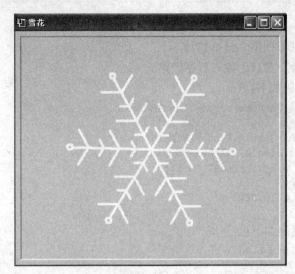

图 2-11-4　雪花

操作步骤如下。

① 窗体及控件属性参照图 2-11-4 设计。

② 打开"代码设计"窗口，输入程序代码。

定义窗口级变量代码如下：

```
Dim IndexX As Integer, IndexY As Integer
Dim X1 As Single, X2 As Single, Y1 As Single, Y2 As Single
Dim R As Single, w As Single
Dim Value1 As Boolean, Value2 As Boolean, Value3 As Boolean, Value4 As Boolean
Const Pi = 3.1415926
```

Form_Load()事件代码如下：

```
Private Sub Form_Load()
    PicShow.DrawWidth = 4
    R = 2000
    IndexX = PicShow.Width / 2
    IndexY = PicShow.Height / 2
End Sub
```

Tmr_Timer()事件代码如下：

```
Private Sub Tmr_Timer()
    w = w + 0.03
    PicShow.Cls
    For i = 1 To 6
    PicShow.Line (IndexX, IndexY)-(IndexX + R * Cos(w), IndexY + R * Sin(w))
        PicShow.Circle (IndexX + (R * 31 / 30) * Cos(w), IndexY + (R * 31 / 30) *
Sin(w)), R / 30
            For j = 1 To 2
                X1 = IndexX + ((2 * j - 1) / 5) * R * Cos(w)
                Y1 = IndexY + ((2 * j - 1) / 5) * R * Sin(w)
                X2 = IndexX + ((2 * j) / 5) * R * Cos(w)
                Y2 = IndexY + ((2 * j) / 5) * R * Sin(w)
                PicShow.Line (X1, Y1)-(X1 + (R / 9) * Cos(w + Pi / 3), Y1 + (R / 9) *
Sin(w + Pi / 3))
                PicShow.Line (X1, Y1)-(X1 + (R / 9) * Cos(w - Pi / 3), Y1 + (R / 9) *
Sin(w - Pi / 3))
                PicShow.Line (X2, Y2)-(X2 + (R / 4) * Cos(w + Pi / 3), Y2 + (R / 4) *
Sin(w + Pi / 3))
```

```
            PicShow.Line (X2, Y2)-(X2 + (R / 4) * Cos(w - Pi / 3), Y2 + (R / 4) *
Sin(w - Pi / 3))
            Next j
            w = w + Pi / 3
        Next i
    End Sub
```

③ 保存窗体，运行程序，结果如图 2-11-4 所示。

（5）设计一个窗体，用画圆和画线的方法，绘制"彩色喷泉"图形，程序运行结果如图 2-11-5 所示。

操作步骤如下。

① 窗体及控件属性参照图 2-11-5 设计。

② 打开"代码设计"窗口，输入程序代码。

定义窗口级变量代码如下：

```
Dim x As Single, y As Single
Dim v0 As Single, v1 As Single
Dim g As Single, h As Single
```

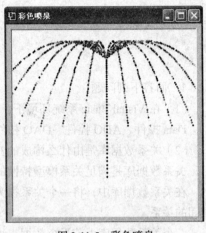

图 2-11-5　彩色喷泉

Form_Load()事件代码如下：

```
Private Sub Form_Load()
    x = PicShow.Width / 2
    y = PicShow.Height * 4 / 5
    g = 0.3
    v1 = 21
End Sub
```

Tmr1_Timer()事件代码如下：

```
Private Sub Tmr1_Timer()
    Static spdx As Single
    v0 = v1
    v1 = v1 - g
    h = h + (v0 + v1) * 5 / 2
    If y > PicShow.Height * 1 / 6 Then
        y = PicShow.Height * 4 / 5 - h
    Else
        Tmr1.Enabled = False
        Tmr2.Enabled = True
    End If
        PicShow.PSet (x, y)
End Sub
```

Tmr2_Timer()事件代码如下：

```
Private Sub Tmr2_Timer()
    Static x1 As Single
    x1 = x1 + 40
    v0 = v1
    v1 = v1 - g
    h = h + (v0 + v1) * 4 / 2
    y = PicShow.Height * 4 / 5 - h
    For i = 1 To 6
    PicShow.PSet (PicShow.Width / 2 + x1 * i / 6, y), QBColor(Int(Rnd * 16))
    PicShow.PSet (PicShow.Width / 2 - x1 * i / 6, y), QBColor(Int(Rnd * 16))
    Next i
    If y > PicShow.Height * 2 / 4 Then Tmr2.Enabled = False
    End Sub
```

③ 保存窗体，运行程序，结果如图 2-11-5 所示。

1．回答下列问题。

（1）在 Visual Basic 系统环境下，应用数据库技术应该使用哪些控件和对象？

Data 控件、ADO 控件、DAO 控件。

（2）关系数据库是由什么构成的？

关系数据库是满足关系模型特性的若干个关系的集合。

在关系数据库中，将一个关系视为一张二维表，又称其为数据表，这个数据表包含数据及数据间的关系。

一个关系数据库由若干个数据表组成，数据表又由若干个记录组成，每一个记录又是由若干个字段属性加以分类的数据项组成的。

（3）解释数据库、表、记录和字段的概念。

① 数据库是以一定的组织方式将相关的数据组织在一起，存放在计算机外存储器上，并能为多个用户共享，与应用程序彼此独立的一组相关数据的集合。

② 一个关系对应一个表，表由一组相关的数据记录组成，每行都有一个记录号，用以标识记录。

③ 表中的每一行称为一个记录，它由若干个字段组成。

④ 表中的每一列称为一个字段，每个字段都有相同的属性。

（4）Access 数据库文件的扩展名是什么？

Access 数据库文件的扩展名是 mdb。

（5）利用 Access 创建数据库的步骤是什么？

① 打开"开始"菜单，选择【程序】→【Microsoft Access】菜单选项。

② 在 Microsoft Access 对话窗口，选择适当的单选按钮。

③ 在 Access 主菜单下，选择"文件"→"新建"菜单选项，进入"新建"窗口。

④ 在"新建"窗口，选择"常用"选项卡，在列表框中选择"数据库"选项，再单击"确定"按钮，进入"文件新建数据库"窗口。

⑤ 在"文件新建数据库"窗口，在"保存位置"下拉列表中，选择"数据库文件"保存位置，输入"新建数据库文件"的名字，再单击"创建"按钮，进入"数据库"窗口。

⑥ 在"数据库"窗口，选择"表"为操作对象，再单击"设计"按钮，打开"表"结构设计窗口，依次定义表中字段的属性。

⑦ 在"表"结构设计窗口，单击"关闭"按钮，进入保存"表"窗口，保存表，结束表结构设计的操作。

⑧ 在"数据库"窗口，选择"表"为操作对象，再单击"打开"按钮，在"表"编辑窗口输

入数据，结束数据库的建立及表中数据的输入。

（6）Data 控件的功能是什么？

Data 控件是一个数据连接对象，它能够将数据库中的数据信息通过应用程序中的程序绑定控件连接起来，从而实现对数据库的操作。

（7）什么是数据绑定控件？

数据绑定控件是一些能够和数据库中已有的表中的某个字段建立关联的控件。

（8）如何用数据环境设计器将数据绑定控件与数据库建立连接？

先建立"数据环境"文件，再与窗体中的数据绑定控件建立连接。

（9）数据库的主要特征是什么？

① 数据按一定的数据模型组织在一起，存储在计算机外存储器中。

② 可为多个用户共享。

③ 有较少冗余度。

④ 数据与应用程序独立性较高。

（10）简述 ADO 与 DAO 的异同。

相同：两者都可以进行与数据库相关的操作。

不同：ADO 与 DAO 的最大区别是 ADO 使用 OLEDB 接口。依靠 OLEDB，ADO 也能够支持对非 SQL 数据存储的记录集访问，OLEDB 提供了比 ODBC 更多的灵活性和易用性。

2．设计数据库，并设计每一个数据库中所具有的相关表结构。

（1）设计一个"阅读文摘"数据库。

（2）设计一个"个人资料信息"数据库。

（3）设计一个"个人消费信息"数据库。

（4）设计一个"名片信息"数据库。

（5）设计一个"友人通讯录"数据库。

答：略。

3．编写程序。

（1）创建一个窗体，用于管理各院系的基本信息，程序运行结果如图 2-12-1 所示。

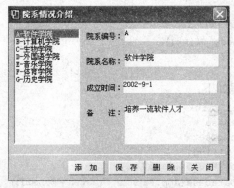

图 2-12-1　学院管理

其系统所用的数据库为（学院），该数据库中有一个表（学院），其"学院"表结构如图 2-12-2 所示。

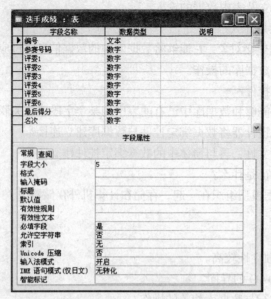

图 2-12-2　"学院"表结构

操作步骤如下。

① 窗体及控件属性参照图 2-12-1 设计。

② 打开"代码设计"窗口，输入程序代码。

```
'以 DAO 方式访问数据库
'运行前请引用 microsoft Dao3.51 object library
```

CmdAdd_Click()事件代码如下：

```
Private Sub CmdAdd_Click()
    Dim i As Integer '将文本框清空
    For i = 0 To 3
        TxtCollege(i).Text = ""
    Next i
    TxtCollege(0).SetFocus
End Sub
```

CmdClose_Click()事件代码如下：

```
Private Sub CmdClose_Click()
    Unload Me
End Sub
```

CmdDel_Click()事件代码如下：

```
Private Sub CmdDel_Click()
    Dim DB As Database
    Dim Rs1 As Recordset
    Dim StrNum As String
    StrNum = TxtCollege(0).Text
    Set DB = OpenDatabase(App.Path & "\data\学院.mdb")
    Set Rs1 = DB.OpenRecordset("Select * from 学院 where 学院编号='" & StrNum & "'")
    If MsgBox("您确定要删除学院编号为" & StrNum & "的学院吗? ", vbYesNo + vbQuestion,
"询问") = vbYes Then
        If Not Rs1.EOF Then    '删除学院记录
            Rs1.Delete
```

```
            End If
            Rs1.Close
            Set Rs1 = Nothing
            DB.Close
            Set DB = Nothing
        End If
        Call Form_Load
    End Sub
```

CmdSave_Click()事件代码如下:

```
    Private Sub CmdSave_Click()
        Dim DB As Database
        Dim RS As Recordset
        Set DB = OpenDatabase(App.Path & "\data\学院.mdb")
        Set RS = DB.OpenRecordset("学院")
        If TxtCollege(0).Text = "" Then '判断是否输入学院编号
    MsgBox "学院编号不能为空，请输入!!! ", vbOKOnly + vbInformation, "提示"
            TxtCollege(0).SetFocus
            Exit Sub
        End If
        If TxtCollege(1).Text = "" Then '判断是否输入学院名称
    MsgBox "学院名称不能为空，请输入!!! ", vbOKOnly + vbInformation, "提示"
            TxtCollege(1).SetFocus
            Exit Sub
        End If
    If IsDate(TxtCollege(2).Text) = False Then '判断输入的成立时间是否合法
        MsgBox "请输入合法的日期格式!!! ", vbOKOnly + vbInformation, "提示"
            TxtCollege(2).SetFocus
            Exit Sub
     End If
        RS.AddNew     '添加记录到数据库中
        RS!学院编号 = Trim(TxtCollege(0).Text)
        RS!学院名称 = Trim(TxtCollege(1).Text)
        RS!成立时间 = Trim(TxtCollege(2).Text)
        RS!备注 = IIf(Trim(TxtCollege(3).Text) = "", "无", Trim(TxtCollege(2).Text))
        RS.Update
        RS.Close
        Set RS = Nothing
        DB.Close
        Set DB = Nothing
        Call Form_Load
    End Sub
```

Form_Load()事件代码如下:

```
    Private Sub Form_Load()
        Dim DB As Database
        Dim RS As Recordset
        Set DB = OpenDatabase(App.Path & "\data\学院.mdb")
        Set RS = DB.OpenRecordset("学院")
        LstResult.Clear
        Do While Not RS.EOF
            LstResult.AddItem RS!学院编号 & "-" & RS!学院名称
            TxtCollege(0).Text = RS!学院编号
```

```
            TxtCollege(1).Text = RS!学院名称
            TxtCollege(2).Text = RS!成立时间
            TxtCollege(3).Text = IIf(IsNull(RS!备注), "", RS!备注)
            RS.MoveNext
        Loop
        RS.Close
        Set RS = Nothing
        DB.Close
        Set DB = Nothing
    End Sub
```

LstResult_Click()事件代码如下：

```
    Private Sub LstResult_Click()
        Dim DB As Database
        Dim RS As Recordset
        Dim StrSql As String
        Dim StrNum As String '存放学院编号
        Set DB = OpenDatabase(App.Path & "\data\学院.mdb")
        StrNum = Left(LstResult.Text, 1)
        StrSql = "select * from 学院 where 学院编号='" & StrNum & "'"
        Set RS = DB.OpenRecordset(StrSql)
        If RS.EOF And RS.BOF Then
        Else
            TxtCollege(0).Text = RS!学院编号
            TxtCollege(1).Text = RS!学院名称
            TxtCollege(2).Text = RS!成立时间
            TxtCollege(3).Text = RS!备注
        End If
        RS.Close
        Set RS = Nothing
        DB.Close
        Set DB = Nothing
    End Sub
```

③ 保存窗体，运行程序，结果如图 2-12-1 所示。

（2）创建一个窗体，将其与已有的测试题数据库连接，对学生综合能力信息进行测试，同时保留测试者的基本情况和测试成绩，程序运行结果如图 2-12-3、图 2-12-4 所示。

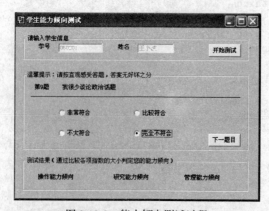

图 2-12-3　能力倾向测试过程

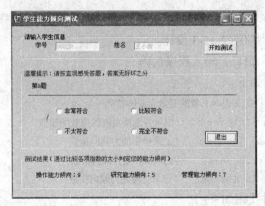

图 2-12-4　能力倾向测试结果

其系统所用的数据库（能力倾向测试）中有两个表，即"测试题"表和"学生信息"表，其表结构如图 2-12-5 所示。

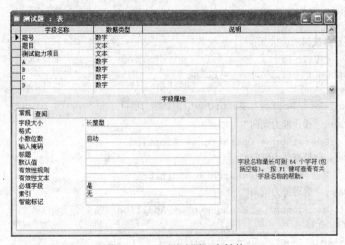

图 2-12-5　"测试题"表结构

图 2-12-6　"学生信息"表结构

操作步骤如下。

① 窗体及控件属性参照图 2-12-3 设计。

② 打开"代码设计"窗口，输入程序代码。

定义窗体级变量代码如下：

```
Dim mBookMark    '定义保存书签的变量为变体类型
Dim Addition As Integer       '记录各选项对应的指数增加值
Dim Operation As Integer      '记录操作能力倾向指数
Dim Research As Integer       '记录研究能力倾向指数
Dim Management As Integer     '记录管理能力倾向指数
```

CmdNext_Click()事件代码如下：

```
Private Sub CmdNext_Click()
    If CmdNext.Caption = "退出" Then End
    If Addition = -1 Then
        MsgBox "此题您尚未作答。", vbOKOnly + vbInformation
        Exit Sub
    End If
    '恢复选择按钮未选状态
    For i = 0 To 3
        OptDegree(i).Value = False
    Next i
    Select Case AdoTest.Recordset!测试能力项目
        Case "操作能力倾向"
            Operation = Operation + Addition
        Case "研究能力倾向"
            Research = Research + Addition
        Case "管理能力倾向"
            Management = Management + Addition
    End Select
    Addition = -1
    AdoTest.Recordset.MoveNext
    If AdoTest.Recordset.EOF Then
        AdoTest.RecordSource = "学生信息"
        AdoTest.Refresh
        AdoTest.Recordset.Bookmark = mBookMark
        AdoTest.Recordset!操作能力倾向 = Operation
        AdoTest.Recordset!研究能力倾向 = Research
        AdoTest.Recordset!管理能力倾向 = Management
        AdoTest.Recordset.Update
        MsgBox "题目回答完毕。", vbOKOnly + vbInformation
        LblOperation.Caption = "操作能力倾向：" & Operation
        LblResearch.Caption = "研究能力倾向：" & Research
        LblManagement.Caption = "管理能力倾向：" & Management
        CmdNext.Caption = "退出"
        Exit Sub
    Else
        LblQNo.Caption = "第" & AdoTest.Recordset!题号 & "题"
    End If
End Sub
```

```
Private Sub CmdStart_Click()
    On Error Resume Next
    Dim Name As String, Num As String
    AdoTest.RecordSource = "学生信息"
    AdoTest.Refresh
    AdoTest.Recordset.Find "学号='" & TxtNo.Text & "'"
If AdoTest.Recordset.EOF Or AdoTest.Recordset!姓名 <> TxtName.Text Then
        TxtNo.DataField = ""
        TxtName.DataField = ""
        TxtNo.Text = ""
        TxtName.Text = ""
        AdoTest.Recordset.MoveFirst     '防止输入错误后再输入无效
MsgBox "您的信息未包含在学生库里, 本次调查只面向校内同学。", vbOKOnly + vbCritical
    Else
        CmdNext.Enabled = True
        mBookMark = AdoTest.Recordset.Bookmark
        TxtNo.Enabled = False
        TxtName.Enabled = False
        AdoTest.RecordSource = "测试题"
        AdoTest.Refresh
        LblQuestion.DataField = "题目"
        LblQNo.Caption = "第" & AdoTest.Recordset!题号 & "题"
        Addition = -1
    End If
End Sub
```

Form_Load()事件代码如下:

```
Private Sub Form_Load()
    CmdNext.Enabled = False
End Sub
```

OptDegree_Click()过程代码如下:

```
Private Sub OptDegree_Click(Index As Integer)
    Select Case Index
        Case 0
            Addition = AdoTest.Recordset!A
        Case 1
            Addition = AdoTest.Recordset!B
        Case 2
            Addition = AdoTest.Recordset!C
        Case 3
            Addition = AdoTest.Recordset!D
    End Select
End Sub
```

③ 保存窗体, 运行程序, 结果如图 2-12-3 所示。

习题 13
多媒体控件

1. 回答下列问题。

（1）多媒体控件的作用是什么？

在 Visual Basic 的应用程序中，使用多媒体控件能够使文字特效、图形文件浏览、音频和视频文件的播放等程序制作变得轻松、快捷，也便于程序的使用。

（2）多媒体控件的常用方法有哪些？

① Open：打开一个由 filename 属性指定的多媒体文件。

② Play：播放打开的多媒体文件。

③ Stop：停止正在播放的多媒体文件。

④ Pause：暂停正在播放的多媒体文件。

⑤ Back：后退指定数目的画面。

⑥ Step：前进指定数目的画面。

⑦ Prev：回到本磁道的起始点。

⑧ Close：关闭已打开的多媒体文件。

2. 编写程序。

（1）创建一个窗体，设计一个袖珍播放器，如图 2-13-1 所示。

图 2-13-1　袖珍播放器

操作步骤如下。

① 窗体及控件属性参照图 2-13-1 设计。

② 打开"代码设计"窗口，输入程序代码。

定义窗体级变量代码如下：

```
Dim FileName As String
Dim ste As Integer          '控制标签移动
```

ImgExit_Click()事件代码如下：

```
Private Sub ImgExit_Click()
    Unload Me
```

```
        End Sub
        Private Sub ImgOpen_Click()
            Dlg1.Filter = "mp3|*.mp3|WAVE|*.wav|MIDI(mid)|*.mid|MIDI(rmi)|" & "*.rmi|AVI
(*.avi)|*.avi|MPEG(*.mpg)|*.mpg"
            Dlg1.ShowOpen
            DoEvents
            On Error Resume Next
            If Dlg1.FileName <> "" Then
                FileName = Dlg1.FileName
                MMC.FileName = FileName
                MMC.Command = "open"
                ImgPlay.Enabled = True
                ImgStop.Enabled = True
                ImgPrev.Enabled = True
            End If
        End Sub
```

ImgPlay_Click()事件代码如下：

```
        Private Sub ImgPlay_Click()
            Dim FS As New FileSystemObject
            FileName=FS.GetBaseName(FileName)&"."& FS.GetExtensionName(FileName)
            MMC.Command = "play"
            ImgStop.Enabled = True
            LblNote.Caption = "正在播放: " & FileName
            SldTool.Max = MMC.Length
            SldTool.Min = MMC.From
            SldTool.LargeChange = (SldTool.Max - SldTool.Min)
            SldTool.SmallChange = SldTool.LargeChange / 2
            SldTool.Enabled = True
            TmrPlay.Enabled = True
        End Sub
```

ImgPrev_Click()事件代码如下：

```
        Private Sub ImgPrev_Click()
            MMC.Command = "prev"
        End Sub
```

cmdStop_Click()事件代码如下：

```
        Private Sub cmdStop_Click()
            ImgStop.Enabled = False
            MMC.Command = "stop"
            TmrPlay.Enabled = False
        End Sub
```

Form_Load()事件代码如下：

```
        Private Sub Form_Load()
            ImgPlay.Enabled = False
            ImgStop.Enabled = False
            ImgPrev.Enabled = False
            MMC.Visible = False
            SldTool.Enabled = False
            TmrPlay.Enabled = False
            ste = -6
        End Sub
```

TmrPlay_Timer()事件代码如下：

```
        Private Sub TmrPlay_Timer()
            SldTool.Value = MMC.Position
```

```
        If LblNote.Left <= 0 Then
            ste = 6
        ElseIf LblNote.Left >= Me.Width - LblNote.Width Then
            ste = -6
        End If
        LblNote.Left = LblNote.Left + ste
    End Sub
```

③ 保存窗体，运行程序，结果如图 2-13-1 所示。

（2）创建一个窗体，设计一个自助式 MP3 播放器，如图 2-13-2 所示。

图 2-13-2　自助式 MP3 播放器

操作步骤如下。

① 窗体及控件属性参照图 2-13-2 设计。

② 打开"代码设计"窗口，输入程序代码。

定义窗体级变量代码如下：

```
Option Explicit
Dim loop1 As Boolean '是否循环播放
Dim play1 As Boolean '是否播放
Dim Playposition As Double '存放播放位置
Dim bPause As Boolean
```

ChkAgain_Click()事件代码如下：

```
Private Sub ChkAgain_Click()
    If ChkAgain.Value = 0 Then
        loop1 = False
    Else
        loop1 = True
    End If
End Sub
```

CmdLoad_Click()事件代码如下：

```
Private Sub CmdLoad_Click()
    Dim Strfilename As String    '存放文件名(列表文件)
    Dim Music As String
    Dlg1.Filter = "列表文件(*.M3G)|*.M3G"
    Dlg1.ShowOpen
    On Error Resume Next
    If Dlg1.FileName <> "" Then
        Strfilename = Dlg1.FileName
```

```
        Open Strfilename For Input As #1
        Do While Not EOF(1)
            Line Input #1, Music
            If Music <> "" Then
                LstMp3.AddItem Music
    '将文件中存放的音乐文件路径添加到 list 中
            End If
        Loop
        FraPlay.Caption = "播放列表" & Dlg1.FileName
        Close #1
    End If
End Sub
```

CmdSave_Click()事件代码如下：

```
Private Sub CmdSave_Click()
    Dim Strname As String
    Dim Strfilename As String
    Dim i As Integer
    If LstMp3.ListCount > 0 Then
        Dlg1.Filter = "列表文件(*.M3G)|*.M3G"
        Dlg1.ShowSave
        On Error Resume Next
        If Dlg1.FileName <> "" Then Strfilename = Dlg1.FileName
        Open Strfilename For Output As #1
        For i = 0 To LstMp3.ListCount - 1
            Print #1, LstMp3.List(i)    '将 list 中的内容写入文件中
        Next
        Close #1
    End If
End Sub
```

CmdAdd_Click()事件代码如下：

```
Private Sub CmdAdd_Click()
    Dlg1.Filter = "MP3 文件|*.mp3"
    Dlg1.ShowOpen
    On Error Resume Next
    If Dlg1.FileName <> "" Then
        LstMp3.AddItem Dlg1.FileName
    End If
End Sub
```

CmdDelete_Click()事件代码如下：

```
Private Sub CmdDelete_Click()
    If LstMp3.Text <> "" Then
        LstMp3.RemoveItem LstMp3.ListIndex
    End If
End Sub
```

CmdQuit_Click()事件代码如下：

```
Private Sub CmdQuit_Click()
    Unload Me
End Sub
```

Form_Load()事件代码如下：

```
Private Sub Form_Load()
    ImgPlay(1).Enabled = False
    ImgPlay(2).Enabled = False
```

```
            End Sub
```

FraTool_MouseMove()事件代码如下：

```
        Private Sub FraTool_MouseMove(Button As Integer, Shift As Integer, X As Single,
Y As Single)
            Dim i As Integer
            For i = 0 To 2
                ImgPlay(i).MousePointer = 0
            Next i
        End Sub
```

Private Sub HsbSound_Change()事件代码如下：

```
        Private Sub HsbSound_Change()
            MusicPlayer.Volume = -HsbSound.Value * 100
        End Sub
```

Private Sub ImgPlay_Click ()事件代码如下：

```
        Private Sub ImgPlay_Click(Index As Integer)
            Select Case Index
            Case 0
                If LstMp3.ListCount > 0 Then
                    If LstMp3.Text <> MusicPlayer.FileName Then
                        MusicPlayer.FileName = LstMp3.Text
                    End If
                    If LstMp3.Text = "" Then
                    LstMp3.ListIndex = 0
                        MusicPlayer.FileName = LstMp3.Text
                    End If
                    MusicPlayer.SelectionStart = Playposition
                    MusicPlayer.Play
                    LblRoll.Caption = "当前播放的曲目：" & MusicPlayer.FileName
                    TmrPlay.Enabled = True
                Else
                    MsgBox "没有可以播放的歌曲，请先添加曲目!!!", vbOKOnly, "提示"
                    Exit Sub
                End If
                ImgPlay(0).Picture = LoadPicture(App.Path & "\pic\play1.gif")
                ImgPlay(1).Picture = LoadPicture(App.Path & "\pic\pause.gif")
                ImgPlay(2).Picture = LoadPicture(App.Path & "\pic\stop.gif")
                FraTool.Caption = "播放"
                ImgPlay(0).Enabled = False
                ImgPlay(1).Enabled = True
                ImgPlay(2).Enabled = True
            Case 1
                ImgPlay(0).Picture = LoadPicture(App.Path & "\pic\play.gif")
                ImgPlay(1).Picture=LoadPicture(App.Path & "\pic\pause1.gif")
                ImgPlay(2).Picture = LoadPicture(App.Path & "\pic\stop.gif")
                MusicPlayer.Pause
                Playposition = MusicPlayer.CurrentPosition   ' 当前的播放位置
                FraTool.Caption = "暂停"
                TmrPlay.Enabled = False
                ImgPlay(0).Enabled = True
                ImgPlay(1).Enabled = False
                ImgPlay(2).Enabled = True
            Case 2
                ImgPlay(0).Picture = LoadPicture(App.Path & "\pic\play.gif")
                ImgPlay(1).Picture=LoadPicture(App.Path & "\pic\pause.gif")
                ImgPlay(2).Picture=LoadPicture(App.Path & "\pic\stop1.gif")
```

```
                play1 = False
                MusicPlayer.Stop
                Playposition = 0
                TmrPlay.Enabled = False
                LblRoll.Left = Me.Width / 3
                FraTool.Caption = "停止"
                ImgPlay(0).Enabled = True
                ImgPlay(1).Enabled = False
                ImgPlay(2).Enabled = False
        End Select
    End Sub
```

ImgPlay_MouseMove()事件代码如下:

```
    Private Sub ImgPlay_MouseMove(Index As Integer, Button As Integer, Shift As Integer,
X As Single, Y As Single)
        ImgPlay(Index).MousePointer = 99
        ImgPlay(Index).MouseIcon=LoadPicture(App.Path & "\pic\hand.cur")
    End Sub
```

LstMp3_DblClick()事件代码如下:

```
    Private Sub LstMp3_DblClick()
        bPause = False
        ImgPlay_Click (0)
    End Sub
```

MusicPlayer_PlayStateChange()过程代码如下:

```
    Private Sub MusicPlayer_PlayStateChange(ByVal OldState As Long, ByVal NewState As
Long)
        If MusicPlayer.PlayState = 0 Then
            If play1 Then
                If loop1 Then '循环播放
                    If LstMp3.ListIndex < LstMp3.ListCount - 1 Then
                        LstMp3.ListIndex = LstMp3.ListIndex + 1
                        LstMp3.Refresh
                                MusicPlayer.FileName= LstMp3.List(LstMp3.ListIndex)
                        MusicPlayer.AutoStart = True
                    Else
                        LstMp3.ListIndex = 0
                                MusicPlayer.FileName=
LstMp3.List(LstMp3.ListIndex)
                        MusicPlayer.AutoStart = True
                    End If
                Else
                    MusicPlayer.FileName = LstMp3.Text
                    MusicPlayer.AutoStart = True
                End If
            End If
        End If
    End Sub
```

TmrPlay_Timer()事件代码如下:

```
    Private Sub TmrPlay_Timer()
    If LblRoll.Left > -LblRoll.Width Then
        LblRoll.Left = LblRoll.Left - 10
    Else
        LblRoll.Left = Me.Width
    End If
    End Sub
```

③ 保存窗体, 运行程序, 结果如图 2-13-2 所示。

1. 回答下列问题。

（1）常用的 API 函数有哪些？

① ClipCursor 函数：设置鼠标的移动范围。

② GetgDriveType 函数：得到给定驱动器的类型。

③ GetTrickCount 函数：返回从开机到调用函数时所用的时间。

④ GetVersionEx 函数：获得当前操作系统的详细版本信息。

⑤ MoveFile 函数：移动文件（夹），从源位置移动到一个指定的新位置。

⑥ SendMessage 函数：向窗体或子窗体发送消息，除非消息处理完毕，否则该函数不返回。

⑦ SendWindowRgn 函数：设置一个窗口的区域。

⑧ Sleep 函数：这个函数将挂起当前线程若干毫秒。

（2）如何调用 API 函数？

① 在 Visual Basic 菜单系统下，依次选择【外接程序】→【外接程序管理器】菜单选项，打开"外接程序管理器"窗口。

② 在"外接程序管理器"窗口，首先在"可用外接程序"列表框中，选择"VB 6 API Viewer"选项，然后在"加载行为"多个复选框中选择"加载/卸载"，最后单击"确定"按钮，关闭此窗口。

③ 在 Visual Basic 菜单系统下，依次选择【外接程序】→【API 浏览器】菜单选项，打开"API 浏览器"窗口。

④ 在"API 浏览器"窗口，依次选择【文件】→【加载文本文件】菜单选项，打开"选择一个文本 API 文件"窗口。

⑤ 在"选择一个文本 API 文件"窗口，首先选择加载文本文件"WIN32API.TXT"，然后单击"打开"按钮，返回"API 浏览器"窗口。

⑥ 在"API 浏览器"窗口，输入 API 函数名或函数名的前几个字母，在列表中将会列出相关的 API 函数，单击"添加"按钮，指定的 API 函数的声明即出现在"选定项"中。

⑦ 在"API 浏览器"窗口，将选定的 API 函数复制或插入到程序中即可使用。

2. 编写程序。

（1）创建一个窗体，使窗体中的组合框自动下拉，如图 2-14-1 所示。

图 2-14-1　组合框自动下拉

操作步骤如下。

① 窗体及控件属性参照图 14-1 设计。

② 打开 "代码设计" 窗口，输入程序代码。

引用的 API 函数(SendMessage)代码如下：

```
Private Declare Function SendMessage Lib "user32" Alias "SendMessageA" (ByVal hwnd
As Long, ByVal wMsg As Long, ByVal wParam As Long, lParam As Any) As Long
Private Const CB_SHOWDROPDOWN = &H14F
```

定义窗体级变量代码如下：

```
Dim c As Integer
```

Cmd_Click()事件代码如下：

```
Private Sub Cmd_Click()
    Tmr.Enabled = True
End Sub
```

Form_Load()事件代码如下：

```
Private Sub Form_Load()
    c = 0
    Dim i As Integer
    For i = 0 To 2
    With Me.Combo1(i)
        .AddItem "111"
        .AddItem "222"
        .AddItem "333"
    End With
    Next i
End Sub
```

Tmr_Timer()事件代码如下：

```
Private Sub Tmr_Timer()
    If c = 2 Then
        Tmr.Enabled = False
    End If
    Call SendMessage(Combo1(c).hwnd, CB_SHOWDROPDOWN, 1, 0)
    c = c + 1
End Sub
```

③ 保存窗体，运行程序，结果如图 2-14-1 所示。

（2）创建一个窗体，用于精确计时，如图 2-14-2 所示。

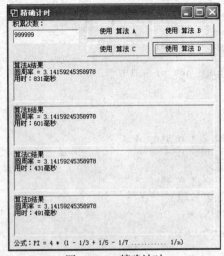

图 2-14-2　精确计时

操作步骤如下。

① 窗体及控件属性参照图 2-14-2 设计。

② 打开"代码设计"窗口，输入程序代码。

引用的 API 函数(SendMessage)代码如下：

```
Private Declare Function GetTickCount Lib "kernel32" () As Long
```

Cmd_Click()事件代码如下：

```
Private Sub Cmd_Click(Index As Integer)
    Dim start_time As Long
    start_time = GetTickCount()
    LblResult(Index).Caption = "算法" & Chr$(Asc("A") + Index) & "结果: " & vbCrLf
    LblResult(Index).Caption = LblResult(Index).Caption & "圆周率 = " & get_pi(Txt.Text, Index) & vbCrLf
    LblResult(Index).Caption = LblResult(Index).Caption & "用时:" & GetTickCount() - start_time & "毫秒" & vbCrLf
End Sub
```

get_pi()过程代码如下：

```
Function get_pi(n As Long, flag As Integer)
    If flag = 0 Then
        Dim p As Long
        p = 1
        For i = 1 To n
            If i Mod 2 = 0 Then
                get_pi = get_pi - 1 / p
            Else
                get_pi = get_pi + 1 / p
            End If
            p = p + 2
        Next i
    ElseIf flag = 1 Then
        For i = 1 To n
            If i Mod 2 = 0 Then
                get_pi = get_pi - 1 / (2 * i - 1)
            Else
                get_pi = get_pi + 1 / (2 * i - 1)
            End If
        Next i
    ElseIf flag = 2 Then
        Dim f As Boolean
        f = False
        For i = 1 To 2 * n Step 2
            If f Then
                get_pi = get_pi - 1 / i
            Else
                get_pi = get_pi + 1 / i
            End If
            f = Not f
        Next i
    Else
        For i = 1 To 2 * n Step 4
            get_pi = get_pi + 1 / i
        Next i
        For i = 3 To 2 * n Step 4
            get_pi = get_pi - 1 / i
        Next i
    End If
    get_pi = 4 * get_pi
End Function
```

③ 保存窗体，运行程序，结果如图 2-14-2 所示。

习题 15
应用程序集成

1. 回答下列问题。

（1）菜单是由什么组成的？

应用系统程序的菜单可分为弹出式菜单和下拉菜单。下拉菜单是由菜单栏、菜单标题、菜单和菜单项组成的，而快捷菜单是由菜单和菜单项组成的。

（2）快捷菜单与下拉菜单设计不同之处是什么？

下拉菜单是在"菜单编辑器"中创建的，而快捷菜单必须用 PopupMenu 方法弹出。

（3）工具栏是由哪两个控件组成的？它们的作用是什么？

ToolBar 和 ImageList 两个控件组合建立工具栏。ToolBar 控件是用于存放工具栏中 CommandBotton 控件的容器，ImageList 控件是用于保存图形的控件。

（4）多文档界面有什么特点？

多文档界面是由一个"父窗口"和多个"子窗口"构成的，"父窗口"容纳所有的"子窗口"，即 MDI 窗体。

（5）MDI 窗体与 MDI 子窗体的区别是什么？

MDI 窗体有别于前面各章介绍的窗体，可以将其看成是一个"窗体容器"。因此，在 MDI 窗体只能添加具有 Align 属性的控件（PictureBox）或不可见控件（如 CommonDialog、Timer），而其他控件不能直接放置在 MDI 窗体上。

2. 编写程序。

（1）设计一个 MDI 窗体，自己命题解决一个实际问题。

（2）创建若干个 MDI 窗体的子窗体。

（3）在这个应用程序的窗体上设计菜单和工具栏。

（4）创建一个可执行文件。

（5）创建一个安装文件。

答：略。